新疆县级综合气象观测业务指导丛书

高空气象观测业务指导手册

孙志于　郭凤娟　主编

气象出版社
China Meteorological Press

内容简介

本书以高空气象观测业务为主，重点介绍了常规高空气象观测系统、北斗导航探空观测系统、地基遥感垂直观测系统等观测系统的原理、业务软件操作流程、数据质量控制、设备维护、常见故障案例分析等内容，有助于高空气象观测业务人员获得高质量高空探测资料，合理处理影响高空气象观测的各种因素与可能产生的测量误差，提高台站高空气象观测业务质量，规范业务值班流程，保障高空观测系统正常运行，更好地发挥高空气象观测业务作用。本书对新疆县级高空气象观测业务具有较强的指导性，适合高空气象观测业务人员阅读参考。

图书在版编目（CIP）数据

高空气象观测业务指导手册 / 孙志于，郭凤娟主编. 北京 ：气象出版社，2024. 11. -- ISBN 978-7-5029-8370-3

Ⅰ. P412.2-62

中国国家版本馆 CIP 数据核字第 2024Q40R82 号

高空气象观测业务指导手册

GAOKONG QIXIANG GUANCE YEWU ZHIDAO SHOUCE

出版发行：气象出版社

地　　址：北京市海淀区中关村南大街 46 号　　**邮政编码：**100081

电　　话：010-68407112（总编室）　010-68408042（发行部）

网　　址：http://www.qxcbs.com　　**E-mail：**qxcbs@cma.gov.cn

责任编辑：胡育峰　刘天泽　　**终　　审：**张　斌

责任校对：张硕杰　　**责任技编：**赵相宁

封面设计：艺点设计

印　　刷：北京中石油彩色印刷有限责任公司

开　　本：787 mm×1092 mm　1/16　　**印　　张：**6

字　　数：140 千字

版　　次：2024 年 11 月第 1 版　　**印　　次：**2024 年 11 月第 1 次印刷

定　　价：35.00 元

“新疆县级综合气象观测业务指导丛书”总编委会

《高空气象观测业务指导手册》编委会

主　编：孙志于　郭凤娟

副主编：彭　坚　昝永黎

委　员：斯兰芬　王智敏　王延慧　刘　珍　麻雪亮

丛书序

新疆维吾尔自治区(简称新疆)位于欧亚大陆腹地、祖国西北边陲,面积166.49万km^2,占中国国土总面积的六分之一,是中国气象事业和世界天气监测网的重要组成部分。新疆自然地貌独特,境内山脉、盆地相间,地势高差悬殊;冰山、沙漠、草原、河流错落,自然环境迥异,是气象灾害及其次生灾害的频发、重发区,也是我国主要天气系统的上游区。因此,做好新疆气象工作对新疆乃至全国的经济社会发展、防灾减灾、生态环境建设等都具有十分重要的意义。

近年来,在中国气象局的大力支持下,新疆气象部门建成了自动观测站3000余个、天气雷达42部,进一步完善了卫星、垂直探测、大气成分等新型观测设备站网布局,提高了观测自动化和智能化水平,陆空天一体化协同高效的精密监测系统已初步形成。为提升新疆综合气象观测业务质量,充分发挥新型观测装备效益,新疆维吾尔自治区气象局深入贯彻落实习近平总书记关于气象工作重要指示精神,以《气象高质量发展纲要(2022—2035年)》为行动指南,聚焦精密监测,加快推进气象科技能力现代化和社会服务现代化,重点围绕业务、技术和县级综合气象业务人员队伍建设等,研讨发展思路和创新经验做法,组织编写了"新疆县级综合气象观测业务指导丛书"(以下简称丛书),对新疆气象综合观测业务系统进行了一次全面梳理。丛书在结合国内外先进气象观测技术和经验的基础上,充分考虑了新疆综合气象观测业务特点和实际需求,通过大量典型案例分析,帮助一线业务人员更好更快地理解业务知识,掌握操作技能,解决日常业务工作中遇到的问题。丛书内容丰富、条理清晰、实用性强,对新疆综合观测业务具有很强的指导意义和参考价值。

"新疆县级综合气象观测业务指导丛书"是新疆全体综合气象观测工作人员智慧与汗水的结晶,凝聚了众多综合气象观测领域一线业务骨干和技术专家的心血。衷心希望丛书能帮助广大一线综合气象观测业务人员和科研人员提高业务水平与科研能力,为提升新疆综合气象观测业务质量,培养一线观测人才发挥积极作用。

新疆维吾尔自治区气象局党组副书记、局长 崔彩霞

2024年8月

丛书前言

气象监测系统是气象工作的基础，是气象事业的立业之基、立足之本，是预报精准、服务精细的支柱，是气象防灾减灾第一道防线的前哨。为贯彻落实《气象高质量发展纲要（2022—2035年）》，推进气象科技能力现代化和社会服务现代化，新疆维吾尔自治区气象局全力提升综合气象观测能力和水平，初步形成以国家天气、气候及气候变化、专业气象和空间气象观测网为基础的陆空天一体化协同高效的精密监测系统。面对新型气象业务技术体制改革的新形势，新疆维吾尔自治区气象局组织区、地、县三级业务技术骨干精心编写"新疆县级综合气象观测业务指导丛书"（以下简称丛书）。丛书旨在全力保障综合气象观测业务长期稳定运行，推动新疆维吾尔自治区综合气象观测高质量发展。

丛书由地面气象观测、高空气象观测、天气雷达与气象卫星观测、大气成分观测、农业气象观测5册组成，内容涵盖新疆综合气象观测业务各个方面。《地面气象观测业务指导手册》介绍了地面气象观测中的新设备、新技术、新平台的原理、结构、应用和工作流程；增加新型、智能自动气象观测设备的维护维修、故障处理与典型案例分析等内容。《高空气象观测业务指导手册》介绍了常规高空气象探测、卫星导航观测系统和地基遥感垂直观测系统的"硬件+软件"组成结构、工作原理、数据传输流程和故障诊断等内容。《天气雷达与气象卫星观测业务指导手册》详细阐述了新疆天气雷达与气象卫星观测业务概况、设备组成、观测流程、质量控制等内容。《大气成分观测业务指导手册》分大气本底观测业务与酸雨观测业务两部分，介绍了大气本底观测项目、业务范围、值班流程及注意事项，着重分析了自动酸雨观测系统原理、设备维护与维修典型案例等内容。《农业气象观测业务指导手册》从棉花、玉米、小麦、自然物候、畜牧几个方面介绍了各类物种的观测方法、流程以及记录方法，各类农业及相关观测项目的应用软件、报表制作、应急处置等内容。

丛书密切联系新疆综合气象观测业务运行实际，充分考虑新疆综合气象观测发展趋势和发展需求。丛书内容全面系统，凝聚了各方面的辛勤付出和智慧奉献。由于编者水平有限，书中不足之处，欢迎广大读者批评指正。

丛书总编委会

2024年8月

前　言

高空气象观测是利用各种物理学的方法和现代科学技术手段，获取 10～30 000 m 高空大气温度场、湿度场、风场的三维空间分布资料。由于高空大气环境非常复杂，致使高空气象要素直接测量技术具有特殊性，为获得高质量的高空探测资料，确保温度、湿度、气压等气象数据准确、可靠，合理处理影响高空气象观测的各种因素与可能产生的测量误差，提高台站高空气象观测技术与质量，规范业务值班流程，保障高空观测系统正常运行，更好地发挥高空气象观测业务作用，故编写《高空气象观测业务指导手册》（以下简称《手册》）。

《手册》以高空气象观测业务为主，重点介绍了常规高空气象探测系统、北斗导航探空观测系统、地基遥感垂直观测系统等观测系统的原理、业务软件操作流程、数据质量控制、设备维护、常见故障案例分析等内容。

在编写《手册》过程中得到了新疆维吾尔自治区气象局、各地（州、市）气象局和装备生产厂家的大力支持，在此表示感谢。由于时间仓促且编写人员水平有限，随着高空观测自动化、智能化进程的持续深入，在《手册》执行过程中难免有不妥之处，敬请有关专家及读者提出宝贵意见和建议。

作者

2024 年 9 月

前 言

目 录

第1章 高空气象观测发展概述

18世纪中叶，人们开始尝试高空观测。1749年英国人威尔逊把温度计捆绑在风筝上用来测量低层大气温度，1809年英国人沃利斯和福雷斯使用测风气球来观测高空风。使用风筝、人工操控气球、非人工操控气球等携带机械记录设备获取高空气象观测数据，制成了早期的“气象图表”并一直使用到20世纪中期。

无线电探空第一次获得成功，是在1923年由美国陆军气象学家布赖尔进行的试验。1928年，苏联莫尔恰夫发明的无线电探空仪可以对高空气压、温度和风等进行较完善的探测。无线电探空仪随氢气球(后来发展到用定高气球、飞机、气象火箭下投降落)升入高空，将所测各高度上的气压、气温、湿度、风向、风速等要素信息通过探空仪上的无线电发报机传回地面，由地面收报机接收，从而获得高空气象资料。无线电探空仪首次于1936年在美国天气局投入业务使用，由几个站组成的无线电探空网将上层空气探测作为日常业务之一，该网络代替了风筝和飞机探测。

20世纪60年代开始，大气遥感技术的发展极大地推动了大气探测的发展，扩大了大气探测范围，提高了探测连续性，突出标志是气象雷达与气象卫星的应用。随着声雷达、激光雷达、风廓线雷达、微波辐射计等仪器研制成功，拓展了获取高空三维空间气象信息的手段。中国、苏联及东欧国家使用高空气象探测雷达，中国还使用光学经纬仪作为测风备份系统；美国、印度、日本和部分东南亚国家使用无线电经纬仪测风—探空系统；南美、非洲、大洋洲、东南亚和部分欧洲地区国家使用GPS(Global Positioning System，全球定位系统)测风—探空系统。

中华人民共和国成立初期，高空气象观测几乎是空白。1951年接收了国民政府遗留下来使用美式仪器设备的北京、南京两个探空站，随后增建了武汉、成都、兰州3个探空站。到1952年，全国共有5个探空站、40个小球光学经纬仪测风站。1957年已建成或在建探空站69个，连同海军参加发报的4个探空站，全部使用芬式和苏式探空仪，用光学经纬仪测风。1965年，二次测风雷达定型称为701二次测风雷达，采用400 MHz频率；59型探空仪开始使用24 MHz频率，由人工收听探测信号，手工处理探测数据。1966—1970年，我国对已有探空站更新使用59—701探空系统，在近100个探空站推广了59型探空仪，在28个探空站配备了701雷达，也新建了不少59型探空站。1980年，全国70多个探空站配备了701测风雷达。20世纪80年代末，全国气象部门共有118个探空站，均使用59—701探空系统；另有两个雷达单测风站。

1978年以后，我国与美国、芬兰开展的科技合作对我国高空气象观测技术的自动化和探测元件的不断更新起到了很大作用。我国L波段二次雷达—电子探空仪探空系统以及GPS导航测风系统的研制就是在此背景下开始的。2001年，L波段二次雷达—电子探空仪探空系统研制成功；2002年，开始业务布点；截至2010年，共完成了120个探空站设备的更新换代。

2010年,我国启动了北斗探空系统研发工作。2017年,北斗探空系统测量准确性和智能化程度达到国际先进水平。2022—2023年,北斗探空体系已经陆续在我国进行对比试验观测;2024年,部分台站北斗探空系统已经正式投入运行;计划到2025年,基本完成气象探空业务系统升级换代和业务准入。

第2章　高空气象观测考核标准与相关要求

2.1　常规高空气象观测业务规范

高空气象观测的基本任务、观测方法、技术要求以及观测记录处理方法等参见《常规高空气象观测业务规范》。

2.2　高空气象观测业务综合质量考核办法

高空气象观测业务综合质量考核内容包括观测设备运行保障质量、观测资料传输质量和观测数据质量。

高空气象观测业务综合质量以高空气象观测业务综合质量指数来反映，综合质量指数＝0.3×稳定运行率＋0.2×到报率＋0.5×观测数据质量。

详细规定参见《地面高空气象观测业务综合质量考核办法（试行）（2014版）》。

2.3　高空气象观测业务数据传输规定

高空气象观测业务数据传输规定见表2.1。

表2.1　高空气象观测业务数据传输规定

<table>
<tr><th>数据类型</th><th>考核内容</th><th>考核时段</th><th colspan="2">时效要求/min</th><th>及时率要求/%</th></tr>
<tr><td rowspan="3">高空观测数据</td><td rowspan="3">全国高空气象观测站每日00时、12时（世界时，下同）发送地面层至100 hPa观测数据和地面层至终止层的完整观测数据；每日00时发送地面层至500 hPa观测数据；单独测风的高空气象观测站每日18时发送地面层至终止层的完整观测数据</td><td rowspan="3">1月1日至12月31日</td><td>地面层至100 hPa的完整观测数据</td><td>≤HH＋75</td><td rowspan="3">≥98</td></tr>
<tr><td>地面层至终止层的完整观测数据</td><td>≤HH＋105</td></tr>
<tr><td>地面层至500 hPa的观测数据</td><td>≤HH＋10</td></tr>
</table>

说明："HH"为每个观测时次或每个发报时次，在"HH"之前早到的不能作为及时报。表中所列时间除特别说明外，均为世界时（UTC）。

2.4 高空气象观测业务制度

2.4.1 值班制度

(1)严格执行高空气象探测业务规范和相关技术规定,认真做好气球施放前各项准备工作,准确、及时完成本班观测任务。

(2)通过业务终端软件完成实时观测数据质控、存储及上传。

(3)做好业务系统的运行监控、维护保障和计量检定,确保观测业务正常运行。

(4)做好历史资料备份、存储、归档、上传和上报等工作,做好观测产品的加工处理及应用工作。

(5)每次探测须 2 人值班。遇大风、大雾、雷雨等异常天气,应根据情况适当增加人员协助放球。计算班(主班)应在规定放球时间前 1 小时到岗,校对班(副班)应在规定放球时间前半小时到岗。

(6)根据施放瞬间的风向,适时选择放球场地,保证在各种恶劣天气下能成功放球,确保雷达、经纬仪在 1 分钟内抓到气球,气球过顶时不丢球,全程不丢失记录。

(7)严格执行各项操作规程,记录处理准确、及时;班内必须互校,按时发报。

(8)严禁在业务用机上运行非业务软件。

2.4.2 高空气象台站迁移管理办法

高空气象台站迁移参见《高空气象台站迁移管理办法》。

2.5 高空气象观测应急预案

2.5.1 突发事件应急预案

(1)为了保证高空气象测报业务工作在突发情况下能够正常运行,提高对突发事件的快速处理能力,实现应急工作及时、高效、有序开展,特制定本预案。

(2)突发事件发生时进入应急工作状态,采取相应工作措施,特别要注意多种突发事件同时发生时的综合处理。在紧急情况下,值班员应当机立断,灵活执行预案,保障业务正常运行,杜绝责任性事故发生。

(3)观测结束后,值班员应在当日值班日记中记录详情。防范突发性灾害天气(如沙尘暴、雷暴、冰雹、大风、短时强降水等)对仪器安全、供电、通信等方面产生的影响,必须在保证人员安全的前提下,采取应急措施。

(4)当遇有强降水、大雪、积雨云过境等影响气球正常升速的天气现象时,值班人员应根据实际情况适当增加气球的氢气充气量,保证气球正常升空。探测过程中,若 500 hPa 以下出现气球下沉,应迅速根据各方面的情况判断气球是否有上升可能,做好在规定时间内重放球的准备，杜绝缺测等事故的发生。

(5)出现大风(台风)、沙尘暴、大雾等影响气球施放的天气现象时，必须增加辅助人员，保证顺利放球和施放后正常跟踪气球。若低空(距地 3 000 m 以下)测风记录缺测时，应在正点放球后 75 分钟内用经纬仪测风(小球)的方法补测；确因天气原因无法补测的，按失测处理。

(6)出现积雨云过境或雷暴等可能影响探空仪正常工作的天气现象时，可适当推迟施放时间。在探测过程中，未达 500 hPa 高度出现探空仪遭雷击或传感器变性等情况，在规定允许的时间内应立即重放球。

2.5.2 仪器设备应急预案

2.5.2.1 雷达故障应急预案

当雷达故障无法在短时间内修复时，应在观测时段内采用 GTC2 型 L 波段探空数据接收机和经纬仪进行观测。

2.5.2.2 供电应急保障预案

(1)台站保障人员应定期对发电机、油料进行检查，对 UPS 定期充放电、测试性能。

(2)市电中断时值班员应迅速判断停电原因，及时启用备份设备进行供电，保证业务正常运行。

2.5.2.3 计算机应急预案

(1)计算机及系统软件保障台站应有专人负责，定期对计算机日常维护、杀毒及升级软件。

(2)除业务主用计算机以外，应配备备份计算机，摆放位置能够满足雷达数据线有效长度范围并便于连接，能完整安装探空业务系统软件，设置好各类常用参数。主用计算机故障时，备份计算机可随时启用，从而保障业务的正常运行。

2.6 水电解制氢业务制度及应急预案

2.6.1 制氢岗位职责、工作制度、安全制度

水电解制氢规章制度参见《高空气象探测业务规章制度》。

2.6.2 水电解制氢应急预案

为保证高空气象观测台站制氢用氢安全，制定本预案。

(1)当出现突发事件时，首先采取有效措施保障人员安全，并迅速上报本级局领导。

(2)出现突发事件需要进行抢修或抢险时，必须身着防静电服装，携带防爆设备和工具，严禁烟火。

(3)在确保人员安全的前提下，检查电路是否断开，关闭储氢罐、气路等阀门。无法关闭时，等待其自然排空，再进行下一步检查、抢险。

(4)发生操作人员被电解液烧伤时，应当迅速关闭制氢配电箱电源，按正常程序泄压，并迅速进行自救，用大量清水冲洗，烧伤严重时迅速拨打电话“120”。

(5)发生人员触电时，应尽力进行自救。其他人员应严格按断电、心肺复苏、拨打电话“120”的顺序处置。

(6)充球过程中发生氢气燃烧时，值班员应迅速关闭氢气阀门，在确保人员安全的前提下，使用二氧化碳或干粉灭火器进行灭火；无法实施灭火时，退出灌球室等火熄灭后，再检查管路；在确保安全的情况下，重新灌球。当无法关闭氢气阀门时，退出灌球室，相关人员迅速撤离，并拨打电话“119”。

(7)充球过程中发生爆炸时，应尽力进行自救并设法关闭氢气阀门，迅速撤离现场。其他人员应迅速按切断气源、人员搜救、拨打电话“120”的顺序处置，如果发生难以处置的火灾，应迅速拨打电话“119”。

(8)电解槽体或输气管路发生燃烧时，应严格按切断气源、断电、人员搜救、拨打电话“120”的顺序迅速处置，如果发生难以处置的火灾，应迅速拨打电话“119”。

(9)储氢罐管路发生燃烧时，应通知人员迅速撤离，拨打电话“119”。

(10)储氢罐发生爆炸时，应严格按拨打电话“119”、人员搜救、拨打电话“120”的顺序处置。不能及时灭火时，应该隔离人员(30 m 以外)等氢气燃尽，火自然熄灭后再进行处置。

(11)发生制氢室倒塌或房顶预制板断落时，采取断电、隔离人员进入、人员搜救、拨打电话“120”的顺序处置；其他可燃物起火，应迅速用房间内配备的灭火器进行扑灭，必要时拨打电话“119”。

(12)电解水制氢设备出现故障，无法在短时间内修复时，应立即组织人员使用化学制氢，保证班内有充足的氢气使用。

第3章 高空观测设备

3.1 L波段雷达

L波段雷达的组成、标校、使用、故障排除等参见《GFE(L)1型高空气象探测雷达使用说明书》。

3.2 基测箱

基测箱用于探空仪施放前的地面基点检测，为基点比对提供温度、相对湿度、气压标准器和稳定的温度、湿度比对环境，有线或无线查询设置探空仪和高度控制器有关参数。台站使用的探空仪基测箱主要有JKZ1-1、JKZ2-1、JKZ3-1、JKZ4-1型。基测箱的工作原理详见《基测箱的使用说明书》。

3.3 探空仪

3.3.1 探空仪概述

GTS11、GTS12、GTS13型数字式电子探空仪，由温度传感器元件、湿度传感器元件、气压传感器元件、测量转换器、发射机、电池、泡沫盒等部分构成，配合GFE(L)型二次测风雷达工作，用于空中温度、湿度、气压和风向风速的探测。

3.3.2 探空仪工作原理

探空仪在升空过程中，温度传感器的阻值、硅压阻的输出电压、湿度传感器的电容值会分别随着大气温度、湿度、气压的变化而改变。这些量值通过测量电路板转变成不同的二进制代码，首先调制在副载波上，再调制到超高频发射机载波，地面雷达接收检波解调得到温度、湿度、气压等二进制代码，根据检定数据计算出实际的气象要素值。发射机接收到地面雷达的询问脉冲后产生应答“鼓包”和“缺口”。地面雷达跟踪确定探空仪的方位、仰角和斜距，以完成对大气温度、湿度、气压、风向、风速的综合探测。

3.3.3 探空仪使用方法及注意事项

3.3.3.1 使用方法

(1)雷达天线对准探空仪,设频率为自动(或手动调节)和增益为自动,译码正常后校对仪器号及生产日期。

(2)调整载波频率,探空仪基测时如发现载频偏移过大,超过 3 MHz 则更换探空仪。

(3)检查发射机回答缺口可在室内或室外进行,雷达询问脉冲置于小功率发射,对准探空仪,观察示波器显示的回答信号,缺口深度应在 1/3～2/3,如果缺口深度不符合要求,则更换探空仪。

(4)基测时应将探空仪放入基测箱比对室稳定 3～5 min 后才可进行温度、湿度和气压测量精度比对。把基测箱温度、湿度和气压值与探空仪温度(T)、湿度(U)、气压(P)值进行比较,两者差值在允许误差范围内,则基测合格,探空仪可以进行施放。

(5)基测合格标准:

温度基点(℃):$-0.3 \leqslant T \leqslant 0.3$

气压基点(hPa):$-2 \leqslant P \leqslant 2$

湿度基点:$-4\% \leqslant U \leqslant 4\%$

基测合格并退出基测状态时,软件会自动把探空仪测量值设定到参考标准值,以消除由于探空仪漂移而引起的测量误差。

3.3.3.2 注意事项

(1)探空仪应在储存室整箱储存,远离腐蚀气体,无强烈振动、冲击和强电磁场作用,相对湿度不大于 80 %,温度在－10～35 ℃并且没有急剧变化,通风良好。

(2)施放时,探空仪温度和湿度测量元件的支撑臂应向上弯曲,当探空仪天线向下时,使支撑臂与水平面的交角为 15°～45°。

(3)基测前请勿打开基测箱包装及温度传感器保护套,以免碰断温度传感器。

3.4 自动放球系统

自动放球系统是常规高空气象观测台站的辅助设施,与测风雷达或其他探空测风设备配合使用,完成高空气象观测业务中探空气球的自动充气及施放,实现在地面风力不超过 8 级(风速≤20.7 m/s)情况下,探空气球携带探空仪的无障碍施放,有利于解决大风放气球困难的难题,提高台站放球成功率。自动放球系统工作原理、系统组成及主要性能参见《自动放球系统业务操作手册》。

3.5 GYR1 型电子式光学测风经纬仪

电子式光学测风经纬仪的组成、使用、维护及观测记录处理方法等参见《GYR1 型光学测风经纬仪数据处理系统(V2.02)升级说明》及《GYR1 型电子式光学测风经纬仪》操作手册。

3.6 水电解制氢设备

水电解制氢设备的组成、操作、维护及注意事项参见《高空气象观测业务涉氢文件修订合编》。

3.7 HQ4化学制氢设备

3.7.1 设备组成

化学制氢设备主要由反应器、除水器、干燥器、储氢罐(选配)、超压泄放装置、显示仪表、冷却水管路、输氢管路和排放管路等配套设备组成,如图3.1所示。

3.7.2 制氢操作

3.7.2.1 准备

(1)松开快开卡箍螺栓,打开卡箍,掀开快开盖,取出料篮,在反应器内注入清水,水面至水位指示块中间,不能超过或低于水位指示块上下缘。

(2)反向旋转料篮上盖,打开料篮,装入制氢剂,制氢剂装在布袋内,每个布袋装250 g。每个料篮装5袋,即装药1.25 kg。

(3)查看反应器内水位是否正常,挡舌露出是否正常,料篮装入反应器,每个反应器装入2个料篮,即装药2.5 kg。

(4)检查密封垫与快开盖表面是否平整无杂物,旋紧启动按钮,盖下快开盖,握紧手柄前后左右晃动快开盖,检查盖周边与垫是否紧贴无缝隙,扣上卡箍,旋紧螺栓。

(5)检查输氢管路阀、安全泄放管路阀是否在开启位置。检查泄压阀、排废水阀是否在关闭位置。

(6)打开温度计电源盒,接通电源,温度计显示。合上电源盒盖。

3.7.2.2 制氢

(1)启动。逆时针旋转启动按钮,使按钮升高6～8 mm,使用工具"压杠"用力下压按钮,听到反应器内料篮"咚"的一声落下。顺时针旋紧按钮。观察压力表和温度计读数变化情况,压力表指针通常会在启动按钮压下起动制氢后30～90 s内开始变化,较快升至比氢气储罐压力略高后稳定升压。

(2)3个反应器按顺序依次启动,第一个反应器启动制氢,等压力表变化至稳定升压后,再启动第二个反应器制氢;同样等压力表变化至稳定升压后,再启动第三个反应器制氢。

(3)打开冷却水阀门通冷却水,根据温度计读数变化和环境温度调节冷却水流量大小。通常应保持反应器温度不超过100 ℃。

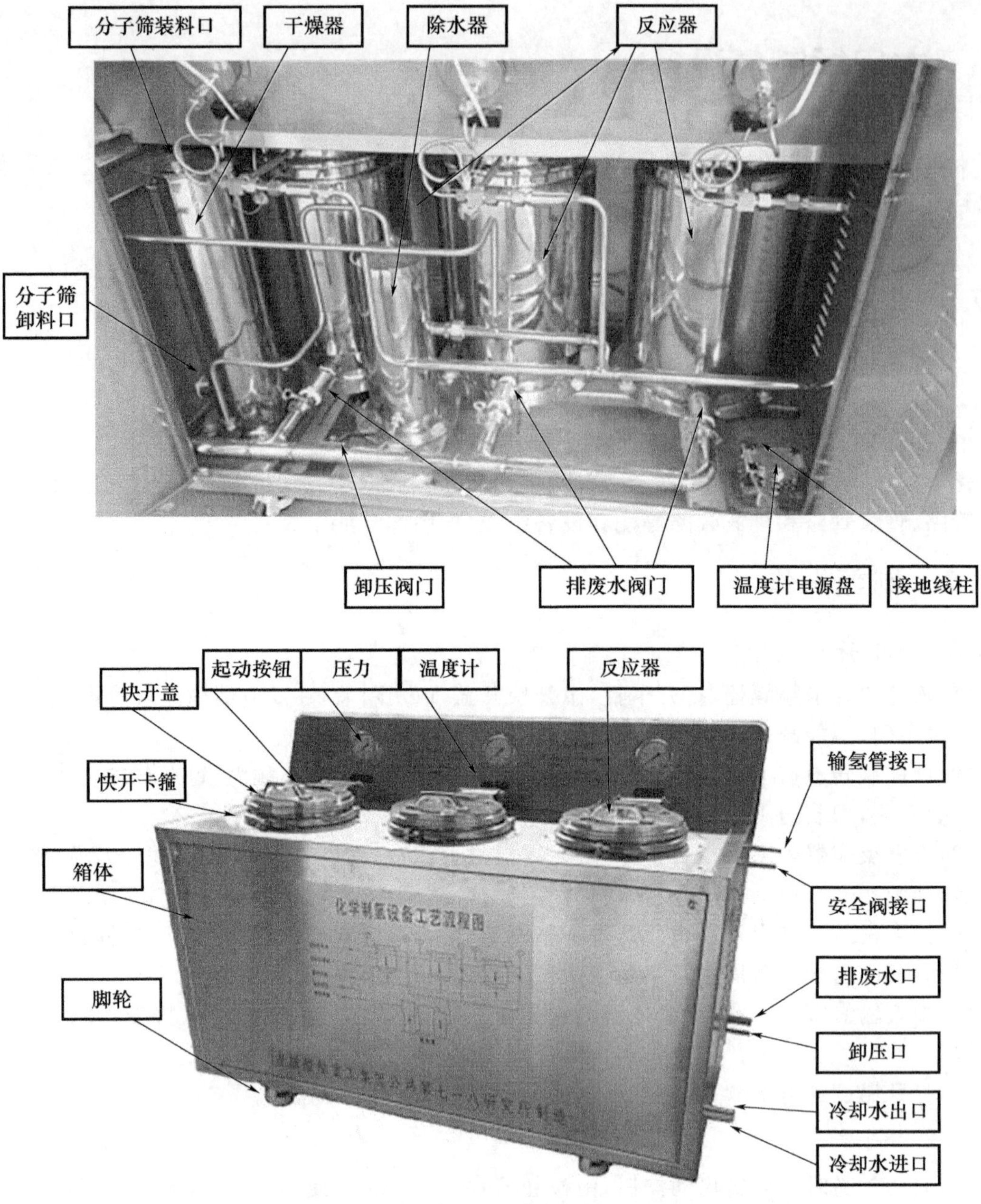

图 3.1　HQ4 化学制氢设备组成

(4)制氢过程中应注意观察氢气储罐压力变化和反应器压力变化情况，当压力不再升高时，表明制氢反应已完成。制氢反应时间通常在 50～60 min。

3.7.2.3　排水及废料

(1)制氢过程完成后，慢慢打开除水器下的泄压阀，先开启一个较小的量，泄压口有水或气体流出，这时关闭输氢管阀门，再逐步调大泄压阀流量，查看反应器压力是否逐渐减小至 0。

(2)泄压阀不再有气体流出时，旋开启动按钮，轻轻下压放净气体，松开快开卡箍。

(3)当反应器温度降至 50 ℃以下时，打开快开盖，先把弹簧压杆取出，再用料篮钩取出料篮,打开排废水阀排出废水,用清水冲洗干净反应器。

(4)打开料篮,取出废料,废料放置到专门场地,统一做无害处理。

(5)关闭排废水阀和泄压阀,盖上快开盖,断开温度计电源。

3.7.3 设备维护

(1)设备第一次投入使用前(或者移机后)用氮气进行气密性试验,试验压力为1.0 MPa。

试压方法:①关闭所有阀门,把3个与反应器相接的止回阀拆下,调头,反向(即箭头指向反应器)接入原位置。②将氮气与泄压口管接好,打开泄压阀,用氮气逐渐升压,每升压0.1 MPa检漏一次,发现漏点应泄压后再上紧。无泄漏则继续升压,直至升压到1.0 MPa,用肥皂水检测各处,无泄漏、无异常响声、无变形为合格。③泄压后,把3个与反应器相接的止回阀拆下,调头(使箭头背向反应器)接入原位置,上紧。

(2)快开盖表面和密封垫表面应时常清洁,以保证反应器密封。密封垫片长时间使用后,应对垫片进行检查,发现有裂纹等缺陷时应及时更换。

(3)每次制氢完成后用清水冲洗干净反应器,防止遗漏废料堵塞管道阀门。用清水冲洗干净弹簧压杆和挡舌,使其能自由活动。排水和排废料完成、清洗干净后,及时关闭排废水阀和泄压阀,盖上快开盖,防止杂物进入。

(4)分子筛要定期更换,通常制氢20次后就应更换新的分子筛,或者分子筛在干燥器内放置时间超过3个月,即使制氢次数不多,也应更换新的分子筛。

分子筛更换方法:①打开设备柜后门,按图3.1找到干燥器以及分子筛装料口和分子筛卸料口。②拆下柜侧壁,用扳手逆时针转动拆下分子筛卸料口堵头,把干燥器内的旧分子筛放干净,装上堵头,旋紧。拆下分子筛装料口堵头,装入新分子筛,按要求装满,装上堵头,旋紧。

(5)制氢完成后泄压过程中,稍稍打开输氢管阀门,使储氢罐的氢气有一较小的气量流向卸压口,冲洗干燥器和除水器中的水分,延长分子筛的寿命。

(6)温度计供电电池使用一段时间后要及时充电,通常15 d左右应充电一次。

充电方法:打开温度计电源盒,取出电池,到安全的地方,使用温度计电源专用充电器充电。充电按充电器说明书的要求。

3.7.4 安全事项

(1)设备移动到位后,须转动脚轮上的旋钮,固定脚轮防止再移动。设备在投入使用前或经过拆装检修后必须经气密性试验合格;设备内部管路经过拆装检修后必须经气密性试验合格。设备应连接地线到可靠接地。止回阀箭头方向必须背向反应器。

(2)设备与安全阀连接管路上不允许装阀门,如果装有阀门必须是常开状态。安全阀泄放出口管路上必须安装阻火器。

(3)冷却水出口不允许安装阀门。

(4)操作人员应经过操作培训,严格按使用说明书进行操作。操作人员应注意4点:一是管路是否正确连接,阀门开关是否正常;二是反应器旁的压力表示值是否正常;三是反应器内加水水位不能超过水位指示块上沿;四是挡舌可自由伸缩且在无操作时自然伸出在导柱壁外。

(5)温度计电源用电池及接头必须装入电源盒内,且工作时电源盒盖必须合上。

(6)设备有压力时打开阀门必须慢慢开启,不允许突然打开。

(7)制氢设备的工作环境温度为 5～50 ℃，当环境温度低于 5 ℃时，应将反应用水加热后再注入反应器，防止水温低于 0 ℃结冰。

3.8 高空气象观测业务软件

中国气象局发布的高空气象观测软件是 L 波段雷达——电子探空仪观测系统使用的。计算机内软件图标包括“L 波段(1 型)放球软件”“L 波段(1 型)数据处理软件”“自动站远程显示软件”“L 波段文件备份软件”“L 波段报文发送软件”等。软件的具体操作方法参见《L 波段(1 型)高空气象探测系统业务操作手册》《L 波段高空气象观测系统软件升级与切换说明》。

第 4 章　卫星导航探空系统

4.1　卫星导航探空系统概述

气象探空系统是指一种采用气球等载体携带探空仪升空，对气温、气压、湿度、风向、风速等气象要素进行探测，并利用地面系统对数据进行接收处理的探测系统。经过多年发展，全球探空技术形成以卫星导航系统为主体，无线电经纬仪和二次测风雷达与之并存的格局。卫星导航探空系统基于北斗卫星导航定位测风机制，将传统单一的上升阶段观测，转变为“上升—平漂—下降”三阶段观测。采用地空物联网技术，将单站接收数据定时发报转变为智能化多站接收实时处理系统。与常规探空观测模式相比，一次卫星导航探空观测可获得 3 段观测数据，实现空间覆盖扩充和时间频次加密。卫星导航探空系统设计如图 4.1 所示。

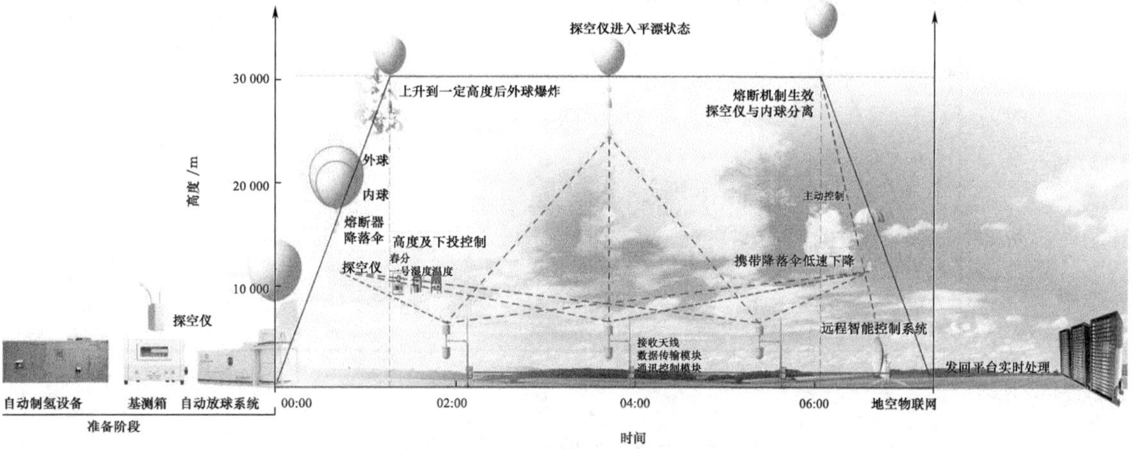

图 4.1　卫星导航探空系统

卫星导航探空系统中，探空气球由内球和外球组成(外球约 650 g、内球约 800 g)。气球通过拉绳携带熔断装置、降落伞和探空仪。上升段由外球和内球共同提供上升动力，到达指定高度后，外球爆炸，随后由内球提供动力进入平漂状态。观测中到达指定时间、触发特定判定条件(或主动发送指令)，熔断装置切断拉绳，将探空仪与内球分离，探空仪携带降落伞低速下降，进入下降段观测。地面接收机组成地面卫星导航探空系统接收网接收探空仪信号，并实时发回省级中心站处理。卫星导航探空观测中，上升段开始至下降段结束的时间间隔约 6 h。07 时和 19 时施放可获得 08 时、14 时、20 时、02 时 4 个观测时次的垂直探空廓线，并获取到白天和夜间持续 4 h 的平流层观测数据，观测数据曲线如图 4.2 所示。

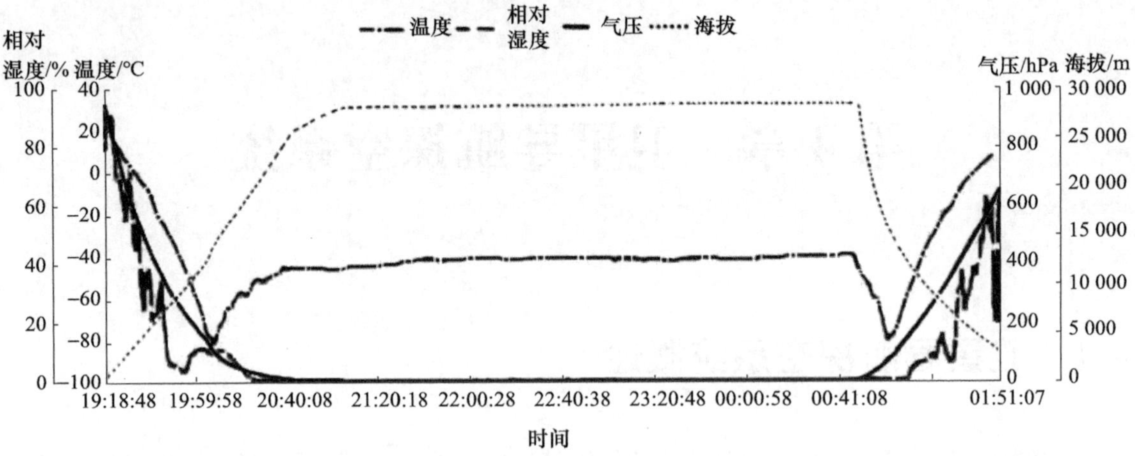

图 4.2　卫星导航探空观测数据曲线

卫星导航探空观测在原有常规探空观测基础上，新增了平漂段观测和下降段观测，实现了一次探空施放获取三段探空数据。其中，上升段观测约 1 h、平漂段观测约 4 h、下降段观测小于 1 h，如图 4.3 所示。

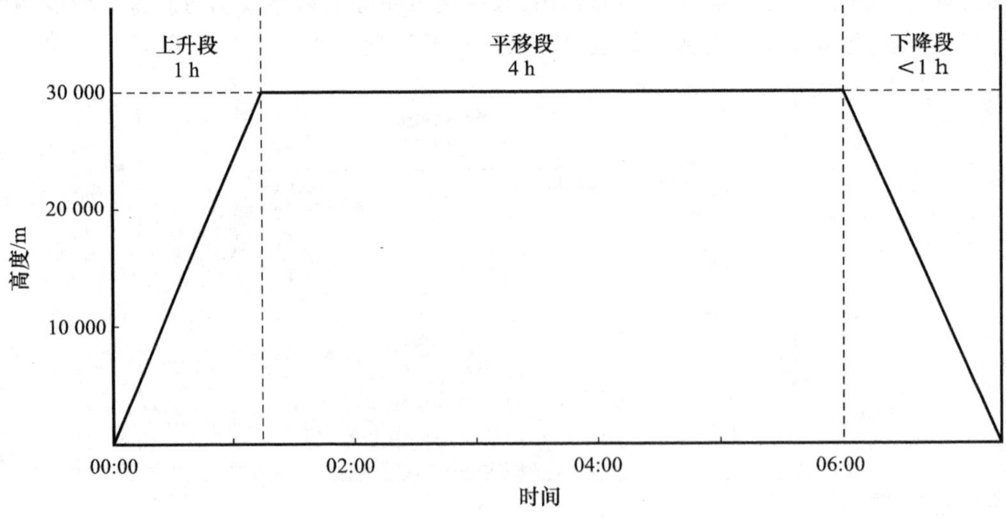

图 4.3　卫星导航探空系统观测时间轴

4.2　卫星导航探空系统观测端软件

观测端软件是针对基于卫星导航体制测风的卫星导航探空系统开发的，可实现“上升—平漂—下降”三段观测的数据接收及处理。软件包括观测业务过程中实现仪器设置、探空仪基测、气球施放等操作，放球后可实时监控仪器和设备状态、接收数据等，可完成观测数据处理、生成报表等。

4.2.1 参数设置

观测端软件安装完成后，首次运行时需要对软件进行基本参数设置。登录完成后，跳转至软件主界面，如图 4.4 所示。

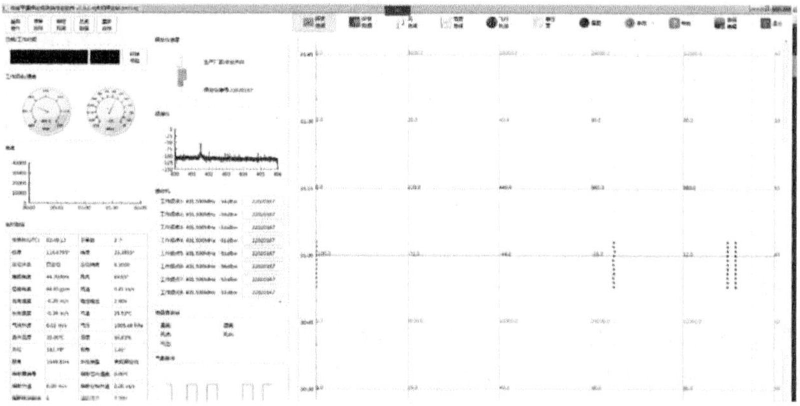

图 4.4　观测端软件主界面

4.2.1.1　自动存盘设置

自动存盘界面，如图 4.5 所示。点击自动存盘路径文本框右侧图标，浏览选择观测数据存储文件夹。右侧为数据自动存盘间隔，可在 3～999 999 s 任意设置，自动存盘时间通常设置为 10～60 s 为宜，台站可根据本站情况调整。

图 4.5　自动存盘设置界面

4.2.1.2　仪器参数配置

仪器参数设置包括接收机参数设置、频谱仪参数设置。接收机和频谱仪的参数由安装技术人员调试时设置。安装调试完毕，台站人员无需操作，但需将仪器参数留底保存。台站人员请勿随意修改仪器参数配置，以免影响正常观测业务。

4.2.1.3　接收机参数设置

点击主界面“参数”，选择“仪器参数设置”，点击“接收机参数设置”进入图 4.6 界面。接收机参数包括设备序列号、空口速率、定长数据类型、AFC 控制、工作频点 1—8。接收机序列号为内置硬件 ID，点击查询可返回接收机序列号；空口速率默认为 2400；定长数据类型选择定长接收，默认长度为 100；查询按钮可查询当前设备的配置状态，配置信息保存在云端，点击即可返回设备当前配置。工作频点可设置 8 个，由国家级中心站统一管理。

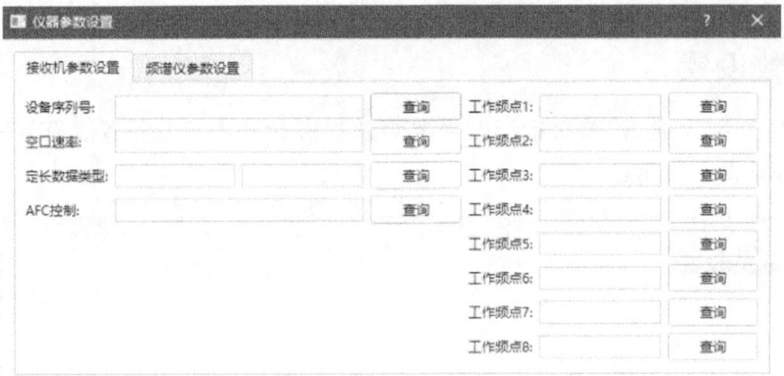

图 4.6 接收机参数设置界面

4.2.1.4 频谱仪参数设置

频谱仪为频谱监控设备，内置于接收机。频谱仪的设备信息包括设备序列号、扫描开关、扫描频带，设备序列号也为内置硬件 ID，通过查询可查看。扫描开关和扫描带宽可点击查询按钮查询当前设置状态。

4.2.2 软件功能介绍

4.2.2.1 软件界面

观测端软件主界面包括基测操作、准备放球、瞬时观测、历史数据、重新放球，如图 4.7 所示。历史数据可查看本地存放数据的基测报告、瞬间观测、高表 13、高表 14、高表 16、T—ln$p$ 图等。

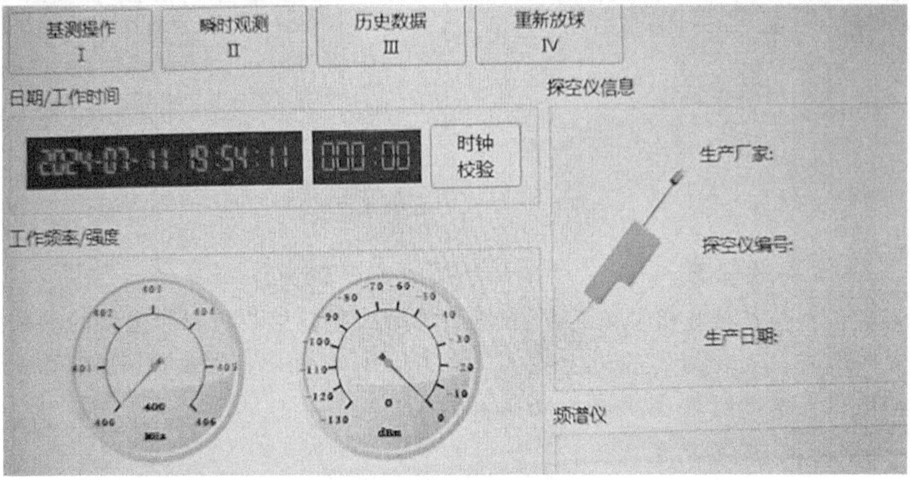

图 4.7 软件操作按钮区

4.2.2.2 数据查看

数据查看区用于查看当前探空仪观测的全部数据，包括探空曲线、探空数据、风曲线、高度曲线、飞行轨迹、等压面、星图等，如图 4.8 所示。

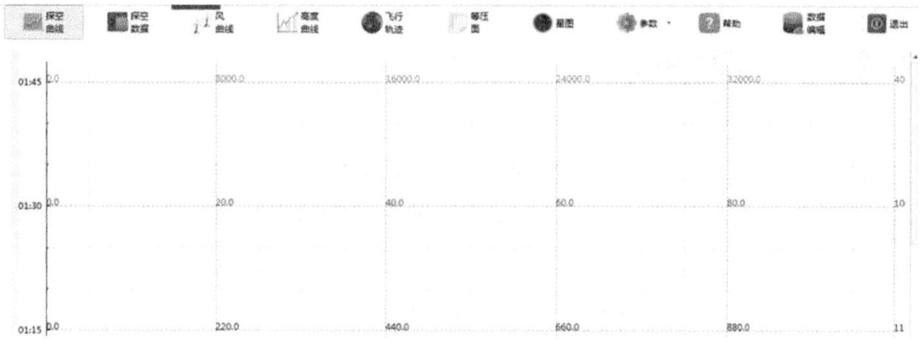

图 4.8　数据查看区

4.2.2.3　仪器设备状态

观测端软件主界面上的仪器设备状态信息包括时间窗口、工作频率、信号强度、探空仪信息、高度、探空仪实时数据、频谱仪、接收机工作状态等，如图 4.9 所示。

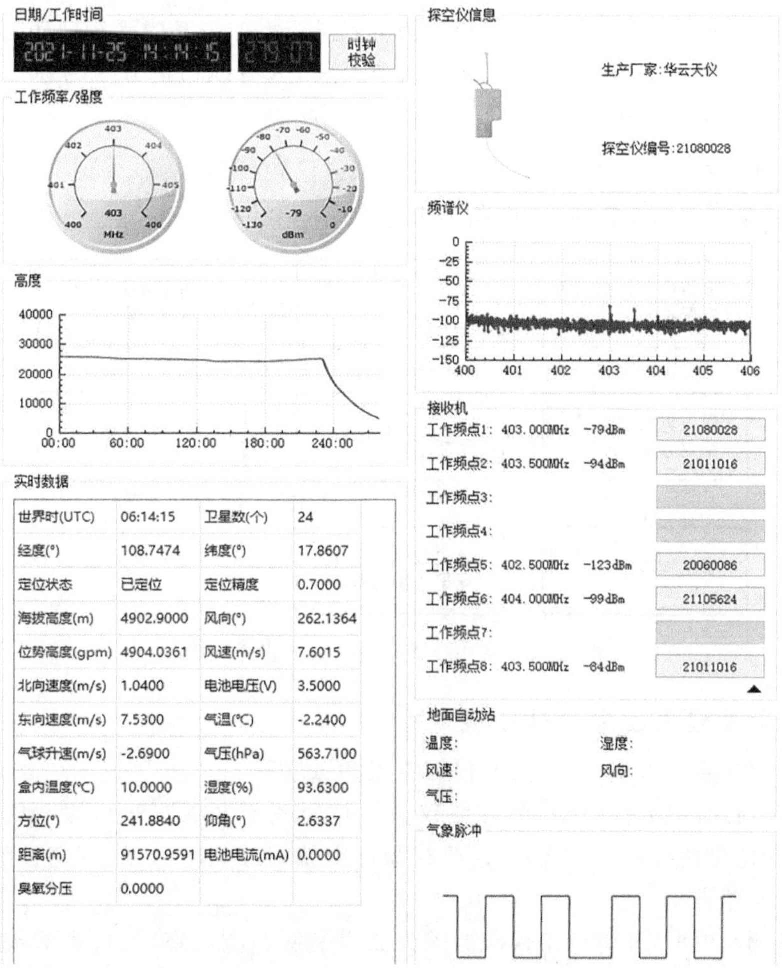

图 4.9　仪器设备状态界面

4.3 卫星导航探空仪

卫星导航探空仪包括 TD2—GA 型卫星导航探空仪、XGT003 型卫星导航探空仪、GTH2—MZ 型卫星导航探空仪、CF—18—AHP 型卫星导航探空仪、GTH1 型卫星导航探空仪、GTH3 型卫星导航探空仪。

4.3.1 GTH3 型卫星导航探空仪操作流程

GTH3 型卫星导航探空仪是采用北斗和 GPS 双模卫星导航定位系统进行定位和测速的探空仪。采用基带射频 SoC 一体化设计导航定位技术实现 0～36 000 m 高空大气温度、湿度、气压和风向风速的高准确度和高分辨率测量，提供卫星导航信息和状态信息，具有测量准确性高、集成度高、标准化程度高、可靠性高、功耗低、体积小、质量轻、工作时间长等特点。

4.3.1.1 连接方式

探空仪可以通过无线通信方式及有线通信方式进行操作。其中无线通信方式通过探空仪和基测箱、熔断装置近程组网后，利用无线方式进行操作；有线通信方式为通过基测箱的七芯线缆连接探空仪，对探空仪进行操作。

4.3.1.2 通信方式

探空仪无线通信方式操作流程，如图 4.10 所示。

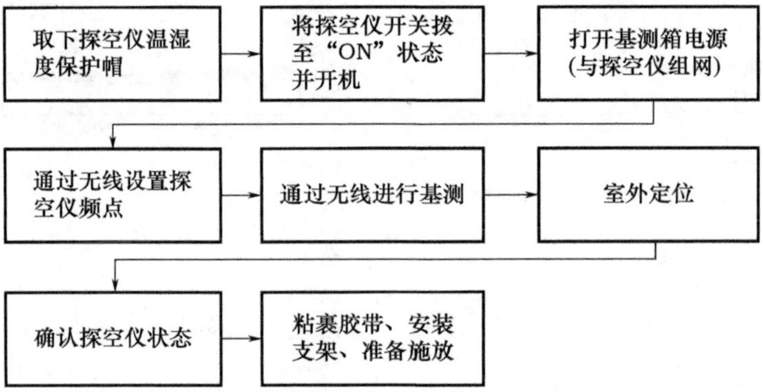

图 4.10 探空仪无线通信方式操作流程

4.3.1.3 探空仪频点设定操作步骤

(1)将探空仪从盒内取出，并将探空仪探头保护罩取下。

(2)取下探空仪开关处泡沫盖，将探空仪开关位置置于“ON”(开)，探空仪为电池供电状态。按白色多功能按钮持续 3 s 以上，直至红绿灯交替闪烁 5 次后，红灯每秒闪烁，表示完成开机，探空仪工作正常。

(3)打开基测箱电源，并将探空仪温湿探头放入基测箱测试室，通过观测端软件进行频点设定与基测。

(4)频点设定方法，点击软件：基测操作—频点检测通用—读取探空仪编号—探空仪频点键入频点值—设置。

(5)频点设置成功后,频谱峰值会出现在设定的频点处,并观察观测端软件数据是否更新,有数据更新表示探空仪频点设定成功。

4.3.1.4 基测

(1)点击软件:基测操作—开始基测。自动完成基测过程,并提示基测是否合格。

(2)基测合格后,将探空仪温湿探头从基测箱测试室取出,并移至室外进行定位测试。

(3)定位信息合格后,移至室内,并开启熔断装置进行组网测试(熔断装置组网操作方法见"探测高度控制装置")。

(4)组网测试完毕,将探空仪开关处泡沫装回原位,粘裹胶带,安装支架,准备施放。

4.3.1.5 注意事项

(1)探空仪如距离施放时间点间隔较长,需先关闭探空仪,待施放前 15 min 再开启。

(2)施放前,盖上探空仪七芯接口处泡沫保护盖,安装探空仪支架和紧固螺丝。

(3)探空仪其他参考数据应满足:电池电压≥2.8 V,盒内温度≥10 ℃,信号强度≥−80 dBm。

(4)如基测提示湿度不合格,但探空仪温湿数据在合理范围内,请检查基测箱是否缺水。

(5)探空仪排针接口由左至右为 1～7 脚,电源红线(+5 V)靠近探空仪发射天线方向。

4.3.2 TD2—GA 型卫星导航探空仪操作流程

TD2—GA 型卫星导航探空仪操作流程及基测操作,如图 4.11 所示。

4.3.2.1 开机

探空仪供电部分包括电源开关和激活按键,打开探空仪泡沫电池盖可看到,出厂默认外部供电状态,开关在右边(外部供电端)。用拨杆将电池开关拨向左边(电池端),置于电池供电待激活状态。

4.3.2.2 关机

用拨杆将电池开关拨向右边(外部供电端)即可。

4.3.2.3 激活

探空仪处于电池供电待激活状态,按下键激活即可激活,指示灯闪烁(红绿交替闪烁 5 次后红灯闪烁),说明锂电池供电正常,然后将泡沫盖盖好。待探空仪定位成功后,绿灯闪烁。

探空仪包装为一个纸盒放有 2 台探空仪,探空仪支架悬空固定在纸盒中,纸盒底部配套拨杆(用于拨动电池开关),纸盒放入塑料袋抽气后封口,可密闭、减震、防潮。

4.3.2.4 注意事项

(1)探空仪使用操作时要注意保护温度传感器,避免碰断传感器引线。

(2)探空仪锂电池激活后盖好泡沫电池盖。

(3)探空仪基测完毕,拧紧绑绳杆。

(4)探空仪基测时,基测箱电压为 7.5 V,其他探空仪和熔断装置为 5 V。

(5)探空仪排针接口由左至右为 1～7 脚,电源红线(+7.5 V)靠近探空仪发射天线方向。

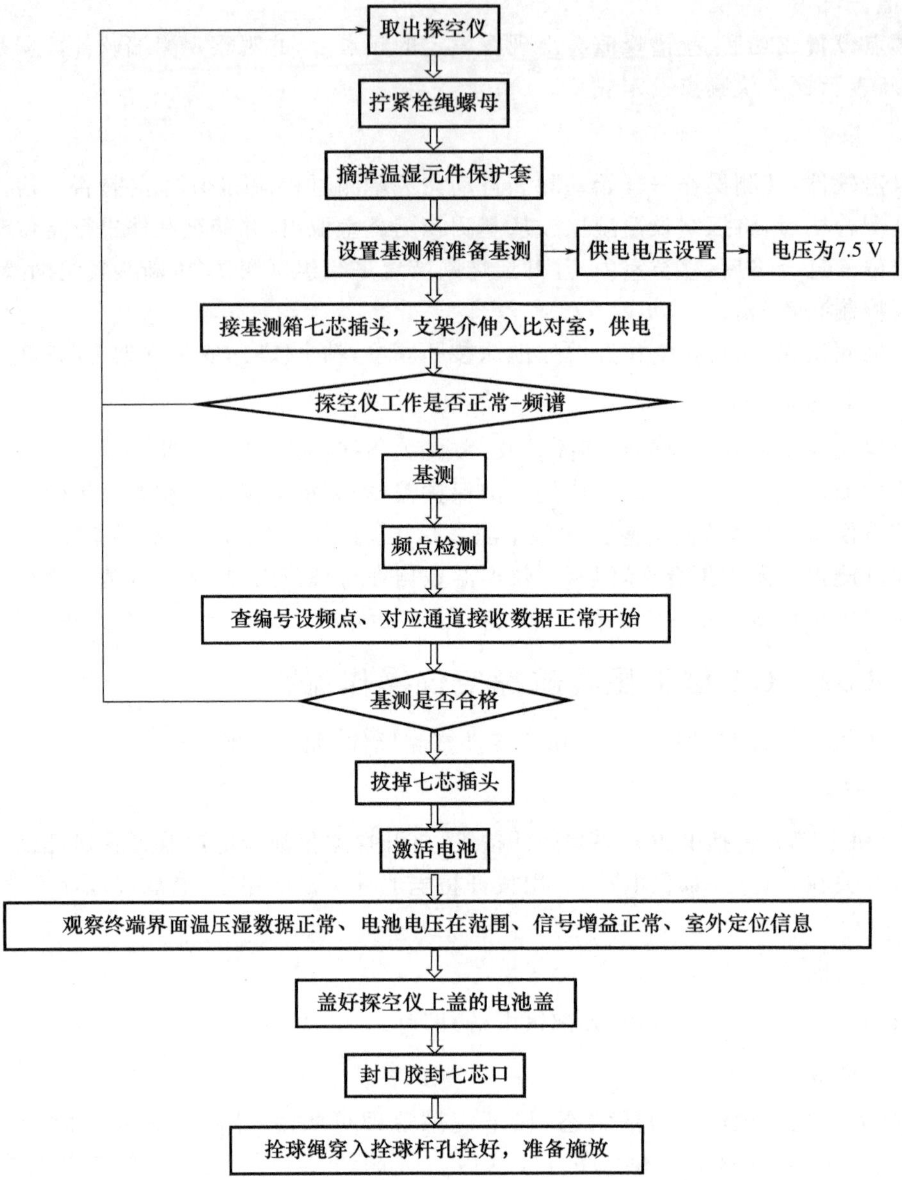

图 4.11　TD2—GA 型卫星导航探空仪基测流程

4.3.3　XGT003 型卫星导航探空仪操作流程及方法

从包装箱取出由锡箔袋包装的探空仪，由外部电源（基测箱电源或电池）激活即可正常使用。

4.3.3.1　关机

使用金属器具触碰靠近探空仪天线方向引出针座第 1、第 2 脚，红灯灭，即探空仪关闭成功。

4.3.3.2 激活

将外接改频线与探空仪相连，其中电源红线（+5 V）靠近探空仪发射天线方向，探空仪红灯闪烁，即为激活成功。

4.3.3.3 注意事项

（1）探空仪出厂默认发射频率为 403 MHz，施放前需根据要求更改频率。

（2）基测时，注意探空仪支架上的传感器，请勿用手触摸测量传感器。

（3）探空仪采用外部电源（+5 V）激活后，将仪器放置空旷地，观察卫星数、经度、纬度、海拔高度、气温、湿度、气压、信号强度等信息，保证探空仪施放前状态信息正常。

（4）探空仪电源红线（+5 V）靠近探空仪发射天线方向。

4.3.4 GTH2—MZ 型卫星导航探空仪

GTH2—MZ 型卫星导航探空仪由温湿度传感器支架、智能转换器、电池和外壳 4 部分构成。在升空过程中，由温度、湿度、气压传感器探测不同高度的大气温度、湿度、气压等气象要素，同时获取探空仪的位置、速度、时间等数据，由发射机发送至地面接收设备，从而完成了 0—36 000 m 高度内温度、湿度、气压和风向风速的综合探测。

GTH2—MZ 型卫星导航探空仪业务操作流程，如图 4.12 所示。

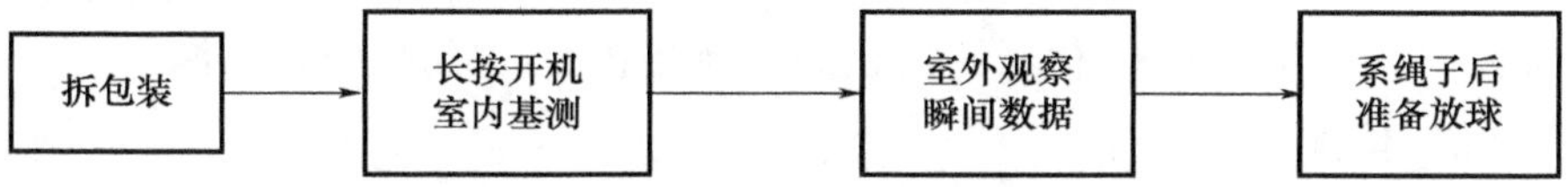

图 4.12 GTH2—MZ 型卫星导航探空仪操作流程

4.3.4.1 开机

长按底部开关 3 s 以上打开，等待红蓝交替快速闪烁后松手；基测时，当基测箱七芯数据线连接探空仪底部七芯供电 5 V 后，探空仪正常开启工作。

4.3.4.2 关机

长按底部开关 3 s 以上关闭探空仪。

4.3.4.3 激活

若存贮时间超过 3 个月时，电池可能进入保护模式，无法正常供电。当长按探空仪开关无法开启探空仪时，需进行电池激活，拔下跳线后再次长按开关即可开启探空仪。

4.3.5 CF—18—AHP 型卫星导航探空仪

4.3.5.1 操作流程

（1）从包装盒内取出探空仪，按下探空仪电源开关。

（2）将探空仪传感器插入基测箱中。

（3）连接探空仪与基测箱，打开基测箱电源（电源设置为 5 V），探空仪几秒后自行上电。

（4）待探空仪基测结束后，取出探空仪，若探空仪基测合格且电池电压显示正常（大于 5.5 V），则继续下一步操作，否则再次按下探空仪电源开关，使开关按钮处于弹起状态，关闭探空仪电源，并更换新探空仪重复步骤(1)—(3)。

(5)将探空仪绑线杆旋入探空仪，并将传感器支架板推向外侧进行固定。

(6)将探空仪放置在空旷或可以接收卫星信号的地方，等待探空仪定位。若探空仪长时间不定位，则再次按下探空仪电源开关，使开关按钮处于弹起状态，关闭探空仪电源，并更换新探空仪重复步骤(1)—(5)。

(7)待气球充好后，将探空仪绑线杆和放线绳与气球绑定。

(8)观察探空仪定位，稳定且传感器数据正常后，即可放球进行探测。

4.3.5.2 开机

按下探空仪电源按钮，可通过 3 种方式给探空仪上电开机。

(1)通过基测箱专用连接线连接探空仪，探空仪检测到外部供电 3 s 后，会自行打开电池开关(此时断开基测箱电源，探空仪使用内部电池供电)。

(2)利用基测箱自带的 Zigbee 无线通信模块，通过探测软件发送激活指令无线激活探空仪，使探空仪开机工作。

(3)长按探空仪上激活按钮(3 s 以上)，探空仪上电开机。

4.3.5.3 关机

可通过 2 种方式给探空仪关机。

(1)给基测箱发送关机指令，基测箱通过有线或无线方式控制探空仪断电关机。

(2)直接按下电源开关按钮，使开关按钮处于弹起状态，关闭探空仪电源。

4.3.5.4 注意事项

(1)禁止用手触摸温度传感器和湿度传感器表面。

(2)操作时，应避免温度传感器与其他物体碰撞(特别是基测时)，避免温度传感器损坏。

(3)替换或不使用探空仪时，应及时关闭被替换探空仪的电源，使探空仪电源按钮处于弹起状态。

(4)基测温度、湿度、气压误差偏大时，当基测箱显示湿度明显偏离饱和盐溶液产生的湿度时，应检查基测箱通风干湿表纱布是否已干燥，或饱和盐吸水是否完全溶解；当探空仪温湿度明显偏离基测箱示值时，应检查探空仪接口与基测箱是否连接好，重新上电进行测试。

(5)当探空仪基测不合格时，应用原包装装好探空仪，并做好标记。

(6)探空仪排针接口由左至右为 1～7 脚，电源红线(＋5 V)靠近探空仪发射天线方向。

4.3.6 GTH1 型卫星导航探空仪

GTH1 型卫星导航探空仪采用北斗和 GPS 双模卫星导航定位系统进行定位和测速。实现 0～36 000 m 高空大气温度、湿度、气压和风向风速的高准确度和高分辨率的测量，提供卫星导航信息和状态信息，采用 GFSK 无线调频通信方式通过 P 波段将采集的数据实时发送至地面接收处理系统。

4.3.6.1 连接方式

参考 GTH3 型卫星导航探空仪接线方式。

4.3.6.2 操作步骤

(1)开机。打开基测箱背面开关按钮，设置输出电源电压：点击“输出电压”，出现数字设置，选择电压值，点击“OK”保存。电源输出继电器由开关控制，设置电源时需注意 TA2—GA 型卫星导航探空仪基测时电压设置为 7.5 V，其他型号探空仪电压为 5 V。

(2)设置组网通信。利用网线连接基测箱背面网口设置软件。

(3)检查储水槽液面。保证储水槽液面位于水位上下限之间，检查比对室内托盘中恒湿盐是否为过饱和状态。

4.3.6.3 连接探空仪

基测箱通过七芯通信线缆，可为探空仪和云端提供通信，包括查询编号、频点，设置频点等。

4.3.6.4 开始基测

将探空仪温湿度传感器支架伸入比对室插口内，点击软件：基测操作—开始基测。自动完成基测过程，并提示基测是否合格。

4.3.6.5 设置软件操作步骤

设置软件可实现对基测箱 IP 地址信息、串口通信信息的设置，串联基测箱与观测端软件、探空仪之间的通信。具体设置步骤如下。

(1)找到基测箱设备后，点击设备列表中“基测箱设备”。

(2)基础设置是对基测箱的设置，包括基测箱的 IP 地址类型、模块静态 IP、子网掩码、网关等。

(3)端口 1 设置是实现基测箱与探空仪、中心站平台软件之间的通信，包括串口波特率、数据校验位、工作方式、目标 IP、远程端口、本地端口等。

4.4 基测箱

4.4.1 基测箱简介

4.4.1.1 前面板

前面板的液晶屏是人机交互主要区域。液晶屏可实时显示基测箱内部环境状态，通过触摸屏可以设置电源电压值、控制电源输出开关，进行界面切换等。

4.4.1.2 上面板

上面板主要包括滑动挡板、干湿球温度表、储水槽。

4.4.1.3 侧面板

侧面板包括比对室抽拉杆、比对室、零湿度室。可以打开对比室和零点对比室。

4.4.1.4 背面板

背面板为基测箱的接口区域，包括电源插座、开关、网口、USB 探空仪接口、导航探空仪接口、RS—232 串口、接收天线、气压标定口、三芯电源输出接口、四芯电压测量接口等。

4.5 卫星导航高度控制装置

4.5.1 装置简介

探测高度控制装置(以下简称熔断装置)可实现将气球与探空仪连接分离,使探空仪开始下降段观测。熔断装置设有 3 种触发熔断工作机制。

4.5.1.1 定时触发

仪器开机通电定时触发(默认为 7 h,最大可设置为 10 h);或者仪器根据获取的 UTC 时间进行触发(默认为北京时 2:00 和 14:00 触发)。

4.5.1.2 平漂异常触发

当气球平漂出现异常状况时启动触发,异常条件包括双球同炸、平漂段高度低于安全高度(默认为 18 000 m)、平漂超出规定的区域范围(默认为中国国土范围)。

4.5.1.3 远程控制装置触发(可选配件,选配时具备)

接收到地面远程控制装置发送的分离信号后触发。

以上 3 种触发机制并行运行,任何一种方式都可完成熔断操作。

4.5.2 操作流程

操作流程分为无线操作流程和有线操作流程。

4.5.2.1 无线操作流程

(1)无线连接操作必须同时打开探空仪、基测箱,如图 4.13 所示。

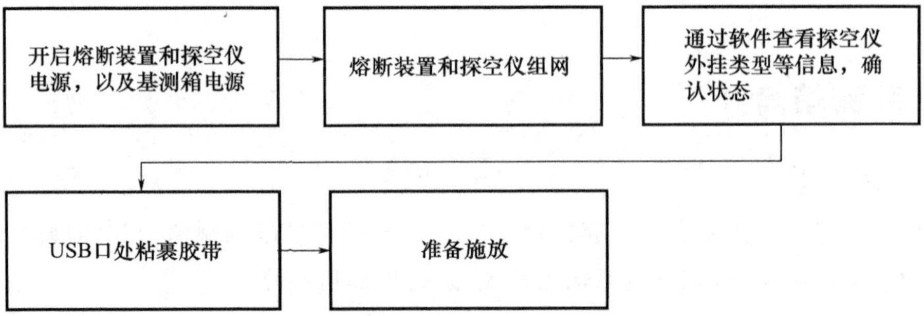

图 4.13 无线操作流程

(2)将熔断装置从盒内取出,打开塑料盒盖。

(3)打开熔断装置电源,待红色指示灯常亮、绿色指示灯闪烁后,表示状态正常。

(4)同时开启已经基测合格并具有近程通信功能的探空仪(探空仪需要设定与接收机一致的频点,确保接收机能收到探空仪信息),与熔断装置进行近程组网通信,近程组网通信一般在 1 min 之内可以组网成功(Zigbee)。

(5)探空仪与熔断装置通信组网成功后,在观测端软件中探空仪外挂类型显示为“挂载熔断装置”;同时查看挂载熔断装置编号是否准确、熔断装置芯片温度是否正常以及熔断装置脉冲数字(0—29)是否在循环计数。

(6)如探空仪与熔断装置未通信成功,探空外挂类型显示为“常规探空仪”,同时熔断装置相关信息均显示为0;或遇开机后1 min后仍无法组网,都应更换新熔断装置。

(7)组网成功后,根据施放要求设定熔断装置参数,需要同时开启基测箱,并用观测端软件进行操作,其中包括设置或读取熔断装置最长滞空时间、经纬度范围区域、熔断执行特定时间点、平漂非安全高度区间值,设置特定高度熔断装置海拔阈值,熔断装置复位。

软件点击:基测操作—频点检测通用—熔断装置参数设置。此步骤根据需求设定,如不设定则按默认条件执行,无需进行此步操作。

(8)确认组网后的熔断装置信息无误(软件显示挂载熔断装置),用胶带将电源开关处粘贴牢固,以防雨水进入仪器内,并合上塑料盒盖、扣紧,与探空仪一起拿至室外。

(9)施放前再次确认状态后,连接探空气球、熔断装置、降落伞、探空仪,准备施放。

4.5.2.2 有线操作流程

此模式应用于观测端软件显示“挂载熔断装置”,但是通过无线通信方式设置参数失败时。

当探空仪与熔断装置通信成功后,在基测箱开启的情况下,无法通过观测端软件对熔断装置的参数进行设置或者读取时,需要进行以下操作设置熔断装置参数。

(1)将熔断装置电源拨码开关拨至熔断装置挂钩方向,关闭电源。

(2)将基测箱电压设置为5 V输出(ON状态),用基测箱USB数据线连接熔断装置MricoUSB口处,此时熔断装置红色指示灯常亮,绿色指示灯闪烁。

(3)通过观测端软件对熔断装置的参数进行设定,其中包括设置或读取熔断装置最长滞空时间、经纬度范围区域、熔断执行特定时间点、平漂非安全高度区间值,设置特定高度熔断海拔阈值,熔断复位。

软件点击:基测操作—频点检测通用—熔断装置参数设置。

4.5.3 技术指标

设备技术指标见表4.1。

表4.1 设备技术指标

设备名称	技术参数
高度控制装置(熔断装置)	通信方式:ZigBee2.4 G 降落伞:下降速度6 m/s±1 m/s(海平面) 控制装置环境适应性(整机工作环境):温度:−70～50 ℃;相对湿度:95 %;气压:5～1060 hPa

4.5.4 注意事项

(1)熔断装置的信息只能通过与之通信成功的探空仪在观测端软件中显示出来。

(2)施放前请用胶带将电源开关处粘贴牢固,以防雨水进入仪器内。

(3)施放前,再次确认观测端软件收到的探空仪与熔断装置的信息(位置信息、电池电压、盒内温度、信号强度、挂载类型等)是否正常。

(4)熔断仪器号由 8 位数字组成,盒内温度≥10 ℃。

(5)与探空仪组网成功后,确认状态无误后,关闭熔断装置和探空仪电源,并在施放前 15 min重新上电。

4.6 卫星导航接收机

4.6.1 设备介绍

卫星导航探空接收机是新一代探空观测系统的重要组成部分,是专为气象高空物联网应用设计的一款多通道接收系统,具有环境适应性好、运行可靠稳定、易维护等特点,能够快速、准确获取探空仪测量的温度、湿度、气压、风向、风速等参数,实现探空数据连续接收的设备,如图 4.14 所示。

图 4.14 卫星导航探空接收机

4.6.2 设备配置

4.6.2.1 物理连接

接收机上电,使用网线将接收机与电脑相连,添加电脑 IP(接收机连接的网卡),使电脑与接收机在同一个网段。

(1)有多个网卡的电脑可通过插拔网线,确认接收机连接的网卡。

(2)接收机默认 IP 是 192.168.8.233。

4.6.2.2 网络配置

确认计算机与接收机在同一网段，且没有 IP 冲突，如果不在同一网段，要修改为同一网段。设置步骤如下。

(1)打开计算机以太网连接。

(2)点击属性，打开 IPV4 配置界面，进行 IP 地址修改。

4.6.2.3 网页配置

(1)在浏览器中输入 192.168.8.233：8080，用户名 admin，密码 tk.2023 TK。

(2)在"网络设置"中设置卫星导航探空接收机的 IP 并保存。

(3)在"参数设置"—"服务器参数"中设置设备数据上传服务器 IP，并保存。

(4)在"参数设置"—"其他参数"中设置设备站级数据(站号、经纬度、海拔、频点)。修改完成后点击"保存"。

注意事项：扫频开关为 1 表示开，经度 116388056 代表 116.388056°，海拔高度 435 代表 43.5 m，通道 1～8 频点设置对应需要接收探空仪的频点，40250000 代表 402.5 MHz。

(5)点击重启设备，设置参数生效。

4.6.3 日常维护

4.6.3.1 日维护

接收机日维护主要为检查接收机工作状态是否正常。遇特殊天气时，需对室外部分进行检查。

(1)保持 24 h 通电、联网、在线，运行状态正常。

(2)如遇降雪、沙尘天气，检查设备天线是否有积雪、冰或其他覆盖物，检查线缆插头是否清洁且接触良好。

4.6.3.2 月维护

接收机月维护主要对室外设备检测维护，具体包括线缆检查、天线检查、接头检查、结构检查、扫频功能检测。每月在设备空闲时进行一次检查即可。

(1)清理接收机天线罩，确保天线罩表面无影响信号接收的覆盖物。

(2)检查接收机网线(光纤)、电缆等插头处是否清洁，如需清理及时处理，避免影响设备正常工作。

(3)检查线缆有无破损、断裂等情况，有无异物挂落在线缆上。如有异常应及时更换，如有异物挂落应及时清除。

(4)检查机箱接头有无破损、严重老化、断裂等情况。如有破损、断裂应及时更换。

(5)检查支架表面有无严重锈蚀、变形等情况，支架与机箱、转台连接有无松动。

(6)检测作业软件查看有无频谱显示，若有频谱显示，观察频谱底噪是否过低(≤120 dBm)；若频谱底噪过低则检查天线连接是否松动，低噪放是否损坏需要维修。

(7)检查三脚架安装是否牢固、水平。

4.7 卫星导航集成处理器

4.7.1 设备概述

卫星导航探空集成处理器(以下简称集成处理器)是新一代探空业务体系的“大脑”,是所有物理层连接的中心。作为台站端数据处理的核心单元,负责管理台站端所有设备,处理探空实时数据,负责与卫星导航探空业务云平台进行数据交互,更好地实现了实时业务、数据优化、安全与隐私保护,具有环境适应性好、性能稳定可靠等特点。

4.7.1.1 功能

(1)能按规定对台站端所有接入设备组网管理,从而实现对多设备进行管理、监控、调度。

(2)能对接入数据进行自动采集、运算、综合质量控制、存储和传输。

(3)能够自动检测台站所有连入设备的状态、数据质量、通信状态等信息,自动诊断出设备及数据是否正常以及进行故障定位,便于实时监控和维护保障。

(4)能够根据设备状态信息和自诊断结果,将硬件自动恢复到初始状态。

(5)能够对卫星导航探空仪数据进行数据质控,包括格式检查、界限值检查和内部一致性检查。

(6)能够按照高空观测业务规范要求生成数据产品,如单站廓线产品、单站温度对数压力图(T—$\ln p$)、单站指数产品等。

(7)能够输入地面气象数据用于数据分析。

(8)可通过 RJ45,光纤口和 4G、5G 无线通信进行多方式远程参数配置、修改和升级。

4.7.1.2 网络资源

集成处理器共 12 个网口和 1 个光口,其中网口为 E1—E12(12 个),优先使用 E5—E12(8 个),网络资源丰富,在网络接口紧缺的情况下,集成处理器自身可作为交换机来管理已对接过的设备(基测箱、智能远程控制装置、接收机等),节省站内网络资源。

4.7.2 操作流程

4.7.2.1 物理连接

使用网线将接收机、智能远程控制装置、基测箱等外围设备接入到集成处理器或同一局域网中,有两种方式接入。

(1)集成处理器既作为服务器又作为交换机。基测箱、接收机、智能远程控制装置等设备,均通过以太网直连集成处理器,集成处理器再接入外部交换机(要求交换机可通中心站)。

(2)集成处理器仅作为服务器。基测箱、接收机、智能远程控制装置和集成处理器等设备,一同接入交换机(要求交换机网络可通中心站)。

注意事项:基测箱、接收机、智能远程控制装置等设备的服务器地址都要设置成集成处理器的本机 IP 地址。集成处理器默认 IP 是 192.168.0.232,默认网关是 192.168.0.1。

4.7.2.2 网络配置

在新装机时需为设备分配 IP 地址,或后期运维临时切换网络时需配置修改 IP。使用

WEB模式配置网络IP及参数，如图4.15所示。设备出厂默认IP192.168.0.232，用户名admin，密码tk.2023 TK。

修改IP方法：

(1)地址栏输入192.168.0.232：8080。

(2)选择网络设置选项卡(按分配IP实际修改)。

(3)点击保存。

(4)选择重启选项卡(点击重启，等待设备重启)。

图4.15　集成处理器网络设置

注意事项：当添加DNS1或DNS2，保存重启后可访问外网，根据业务实际情况进行填写。DNS格式可参考8.8.8.8或114.114.114.114。

4.7.3　复位操作

复位按键可恢复网络初始网络配置(192.168.0.232)。

按下“复位”键5 s松开，系统将IP地址恢复为默认值，即恢复IP为192.168.0.232，网关192.168.0.1并自动重启网络。“复位孔”位置如图4.16所示。

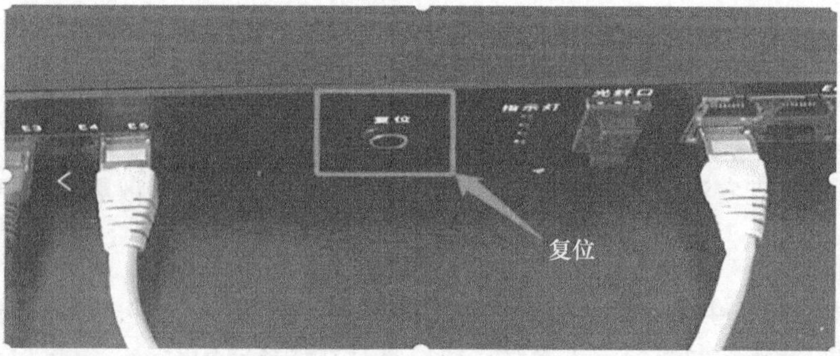

图4.16　集成处理器复位孔

4.7.4 参数配置

4.7.4.1 配置集成处理器数据上传服务器地址

(1)地址栏输入集成处理器 IP:8080。

(2)进入"参数设置"—"服务器参数"选项卡,设置设备上传服务器参数。

(3)点击保存(重启设备后,参数设置生效)。

4.7.4.2 配置台站号

(1)地址栏输入集成处理器 IP:8080。

(2)进入"参数设置"—"业务参数"选项卡设置设备安装台站号。

(3)点击保存(重启设备后,参数设置生效),如图 4.17 所示。

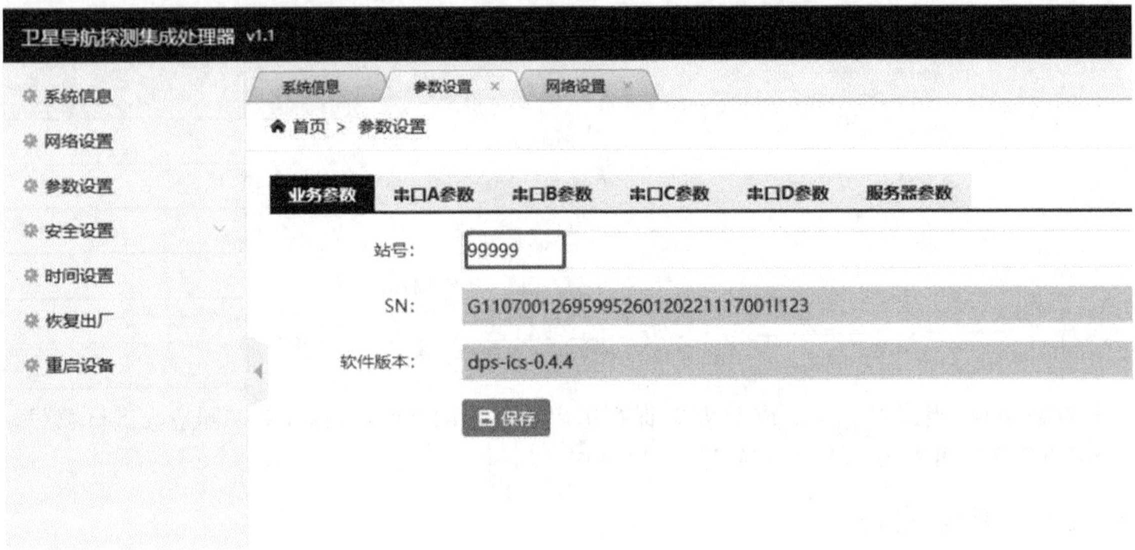

图 4.17 集成处理器设置业务参数

4.7.5 日常维护

4.7.5.1 日维护

集成处理器日维护主要为检查集处理器工作状态正常。

(1)保持 24 h 通电、联网、在线,运行状态正常。

(2)检查机房温度室温是否符合要求,预防因温度过高无法达到散热要求导致宕机。

4.7.5.2 月维护

集成处理器月维护主要对设备检测维护,具体包括线缆检查、接头检查、结构检查,检查观测端监测接收机、远程控制装置是否网络在线。每月在设备空闲时进行一次检查即可,如有问题及时反馈给厂家。

4.8 北斗卫星导航原理

4.8.1 测风原理

(1)卫星通过发射无线电信号来标识自己的位置和时间等信息。

(2)地面接收设备接收到卫星发射的信号后,通过测量信号的传输时间等参数,计算卫星的位置和时间等信息。

(3)根据多颗卫星的位置和时间信息,通过计算可得出地面接收设备的位置信息。同时,地面段设备对数据进行处理和分析,为用户提供精确定位、授时等服务。

(4)探空仪接收至少3颗导航卫星发出的信号,根据时间信息可获得距离信息,根据三球交汇的原理,可计算其空间位置。

(5)通过每秒空间位置的变化,计算秒级速度及空间方向,即风速和风向。

(6)卫星导航探空接收机采用P波段(400.15～406.00 MHz)通信,可以实现多通道组网接收(具备设置8个接收通道的功能,可通过不同通道不同频点的设置方式,同时接收最多8个探空仪的观测数据)、处理和统一管理探空数据等功能。

4.8.2 探测高度控制装置

(1)探测高度控制装置是气球净举力控制和球绳切断装置,与探空仪通过近程通信单元组网成功后,依据探空仪的位置、速度、加速度等信息,计算出气球由上升阶段转为平漂阶段时的升速。

(2)在平漂阶段,根据内部设定的飞行控制策略以及预定设置条件,如规定时间、规定高度、规定区域、紧急空域安全保障等分离携带的探空仪,启动下降段探测。

(3)主控单元具有多个控制接口和通信接口,能够通过通信接口接收近程通信模块获取探空仪的位置信息和控制信息,解析接收到的信息后根据预设程序进行高度检查,判定熔断执行需求。

(4)板载温控单元由温度传感器、电子开关及加热电阻组成,与主控单元集成在同一主板上,当温度传感器感知到装置内部温度过低时,主控单元通过控制电子开关,启动加热保温单元工作对装置内部进行一定程度加热,使装置不会因环境温度过低影响其正常工作,保障装置运行可靠。

(5)球绳熔断执行单元主要由电子开关及加热器件组成。

(6)探测高空控制装置通过近程通信模块,与探空仪组网后,进行数据交互,获取探空仪的位置导航信息,经纬度、高度、时间等传输至主控单元,同时将熔断装置自身的状态信息、控制信息传输至探空仪。

(7)远程控制信号接收单元(1.6 G模块,可选配件)根据用户需求配置远程控制信号接收单元,接收地面发送的远程控制信号,对配重或者携带的探空仪进行分离操作。

(8)抛沙单元内部装有一定量的配重,当在平漂的过程中在出现持续下降的状态时,根据内部设定的飞行控制策略,分批次或一次分离配重,以实现气球高度的均衡提升、非平衡态向平衡态调整等自适应控制,将下降趋势扭转成平漂趋势。

(9)触发高度控制装置，触发“熔断”条件包括定时触发、计时触发、平漂高度低于设定值触发、超出规定区域、降速过快等。

4.9 双模气象气球

双模气象气球是一种双层套球结构的气象气球，由外球、内球组成，并可配备充气球嘴，与探空自动充气精细化装置进行连接，内球置于外球腔内同时捆扎，其结合高度控制装置等可以通过一次施放实现“上升—平漂—下降”3 段连续观测。

4.10 卫星导航探空系统作业流程

4.10.1 工作准备

气球施放前，值班人员应做好放球前的准备工作，认真检查各仪器设备工作状态是否正常，做好探空仪、气球、熔断装置等耗材的出入库登记。

4.10.1.1 计算机网络检查

查看计算机网络连接是否正常，观测端软件是否能正常登录。

4.10.1.2 接收机和智能远程控制装置检查

接收机是接收探空仪信号的设备，需连接不间断电源，保持 24 h 开机并联网。每次值班基测前，检查接收机工作状态是否正常。启动观测端软件，输入本站账号密码。

安装了远程控制装置的台站，放球前还应对远程控制装置进行状态检查，检查方法同接收机一致。远程控制装置也需要连接不间断电源，保持 24 h 开机、联网。

4.10.1.3 基测箱检查

基测箱是检测探空仪传感器是否合格的仪器。探空仪基测前，需检查基测箱工作状态是否正常。

(1)基测箱上电检查。打开基测箱电源，待其工作稳定后，查看观测端软件右下角基测箱指示，绿色为正常上线，红色为未上线。

(2)检查湿球纱布。若发现基测箱显示湿度异常，应检查基测箱湿球温度传感器，查看湿球纱布状态是否正常，如发现湿球纱布颜色发黄或吸水能力变差，应及时更换。

(3)设置基测箱电源。探空仪的外部供电为 5 V，连接探空仪前检查供电电压是否正确。

4.10.2 熔断装置设置

P 波段熔断装置在使用之前，需要把工作频点设置成中国气象局综合观测司给台站分配的频点，接收机才可接收熔断装置的数据。

(1)将熔断装置连接基测箱，此时不要连接探空仪，打开基测箱显示屏上的电源开关。

(2)点击观测端软件主页面的“基测操作”按钮，在弹出的页面点击“频点检测(通用)”，如

图 4.18 所示。

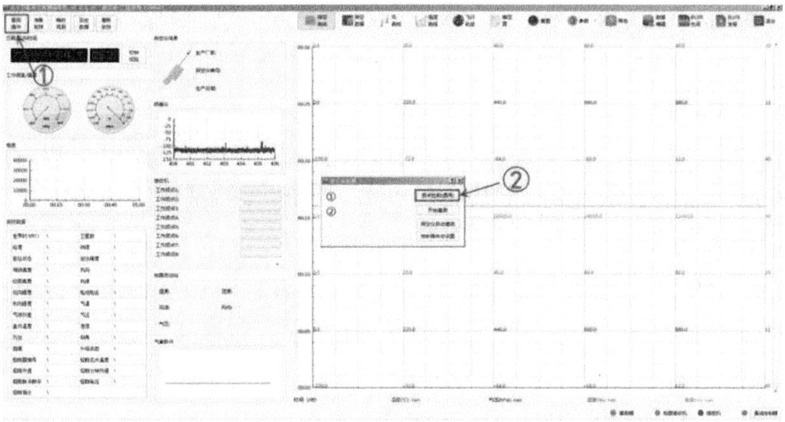

图 4.18　基测操作和频点检测(通用)

(3)在弹出的页面点击“参数设置”按钮，如图 4.19 所示。

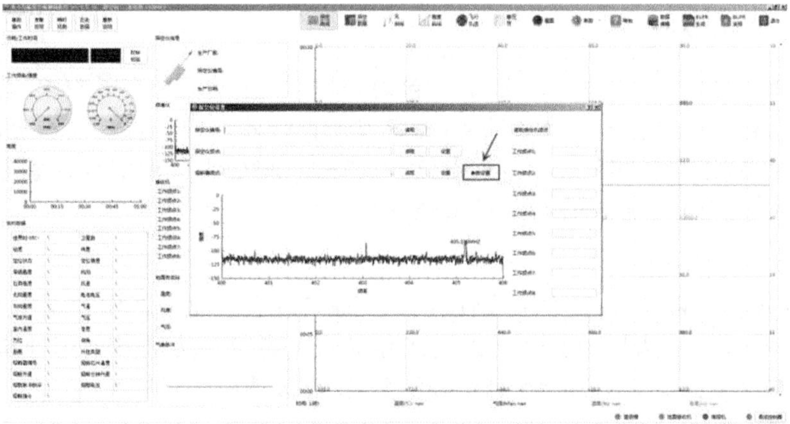

图 4.19　参数设置

(4)在弹出的页面点击“获取”按钮查看各项参数，根据放球的特殊要求在参数框内修改所需的最长滞空时间、经纬度范围等参数，每修改一项点击“设置”按钮保存，设置完成后关闭该页面。

(5)设置 P 波段熔断装置工作频点，返回上一级页面后，读取接收机工作频点，将接收机工作频点 2 的数值输入到探空仪频点框内。设置成功后，软件界面上会显示熔断装置编号、工作熔断装置编号及工作频点等信息。近程熔断装置和 1.6 G 熔断装置需按要求设置最长滞空时间等参数，待探空仪基测完毕后重新开机与探空仪进行配对。

4.10.3　基测操作功能介绍

点击观测端软件主页面的“基测操作”按钮，软件弹出基测操作窗口，包括频点检测(通用)、开始基测、探空仪自动基测、熔断装置自动设置等功能。

4.10.3.1 频点检测(通用)

“频点检测(通用)”可读取接收机工作频点、对应设备信息,如探空仪编号、探空仪频点、熔断装置频点等。

4.10.3.2 开始基测

将基测箱七芯连接线插入探空仪接口,注意红色线靠近探空仪天线一侧,将探空仪温湿度传感器放入基测室,打开基测箱面板上的电源开关,点击“开始基测”可完成探空仪基测。

4.10.3.3 探空仪自动基测

将基测箱七芯信号通信线插头插入探空仪接口,注意红色线靠近探空仪天线一侧,将探空仪温湿度传感器保护套去除,并将其放入基测室,打开基测箱面板上的电源开关,点击“探空仪自动基测”可完成探空仪基测。

4.10.3.4 熔断装置自动设置

将基测箱数据线连接熔断装置,打开基测箱面板电源开关,点击“熔断装置自动设置”。

4.10.4 探空仪基测

4.10.4.1 探空仪检查

准备基测前,取出一个新的探空仪,拆去包装,检查探空仪外观有无破损、变形,温湿度传感器是否正常。查看仪器生产批号及日期,确定仪器在有效期内。将基测箱七芯信号通信线插头插入探空仪接口,注意红色线靠近探空仪天线一侧,将探空仪温湿度传感器保护套去除,并将其放入基测室,打开基测箱面板上的电源开关。

4.10.4.2 查看接收机频点

通过“读取接收机频点”查看本站接收机1~8通道频点。通常工作频点1、频点2为分配给本站的工作频点,3~7为周边其他台站的工作频点。通道8为本站备用通道,频点与1相同。接收机频点由中国气象局综合观测司统一分配,设置功能已经取消。

4.10.4.3 探空仪频点设置

探空仪在施放前,将其工作频点设置成中国气象局综合观测司给台站分配的频点。点击探空仪编号“读取”按钮,检查读取的探空仪编号是否正确。点击探空仪频点“读取”按钮,检查探空仪频点读取是否正常。在频点文本框内输入接收机工作频点1的数值,点击“设置”按钮保存设置。

4.10.4.4 探空仪基测

关闭探空仪设置窗口,点击“开始基测”或“探空仪自动基测”按钮,弹出基测信息页面,在该页面显示基测信息和基测结果,当基测完成后即可关闭该页面。

4.10.5 充灌气球

正点施放前0.5~1.0 h内充灌气球,充气时必须严格控制充气速度,充灌一个双模气球的时间应不少于15 min。充气量要符合平漂及升速要求。

4.10.5.1 计算净举力

在保证气球升速的前提下,影响充气量的主要因素包括天气状况(温度和气压)、球皮质量、附加物质量，如遇降水天气，外球充气量需酌情增加。气球平漂段，内球净举力大小直接影响平漂高度与平漂能否成功。根据外球质量和附加物总质量，可确定内球所需充气量。为获得准确净举力，气球充气前需对球皮及其携带的附加物称重，并将数据填入《平漂气球施放登记表》内。

(1)外球。可利用L波段探空系统软件中的“净举力计算”，输入本站气温、气压、球皮及附加物重，气球升速选择400 m/min，计算出本次气球所需净举力。气球充气时，准确配置砝码质量即可控制气球充气量，从而获得所需净举力。净举力＝平衡器重＋砝码重－附加物重。

(2)内球。净举力会给定数值，无需台站计算，视季节地域而定。通常白天内球净举力在－200～－50 g，晚上内球净举力在50～200 g，各台站可视放球情况自行调整。内球净举力计算公式：内球拉力＝净举力＋附加物重＋50 g＋配重－外球重。在实际操作时将外球重、附加物重和净举力输入到计算表格中，会自动计算出内球拉力和配重。

4.10.5.2　气球充气

卫星导航探空系统使用的是内外双球，外球650 g，内球800 g。内外球充气流程如下。

(1)准备一个电子秤，再准备一个饮料瓶，将其剪掉一截，留下下半部分，口沿用打火机烤光滑，靠近口沿处打孔，拴一段绳子，绳子头拴一个细铁丝钩，总重控制在20 g，这样就做成了一个简易的配重容器。准备一些废旧球皮做随球上天的配重物，最好再准备一些小球测风用的砝码，方便配重。如内球拉力大于0，配重等于0，则将相应质量的砝码放入容器内，使其总质量等于内球拉力，用电子秤精确称重。如内球拉力等于0，配重大于0，则用废旧球皮做配重，用细绳捆成一捆，或装在塑料袋内，用细绳扎口，如图4.20所示。

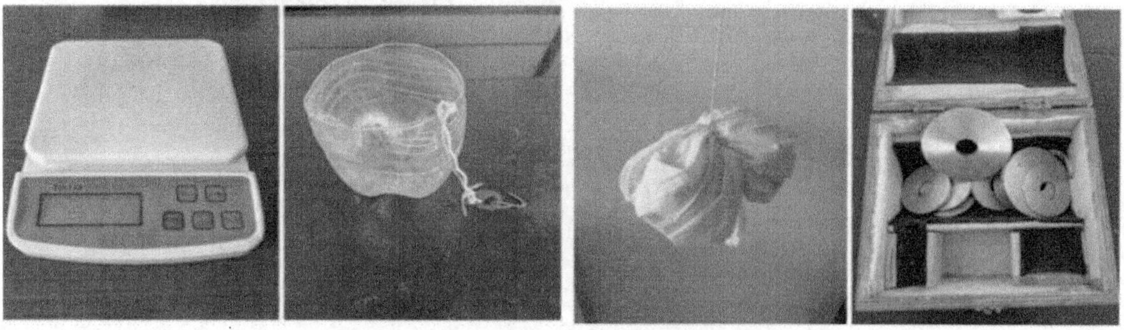

图4.20　电子秤、容器、废球皮、砝码

(2)充气前应将充气室地面打扫干净，地面应铺设防静电地垫，或安装充球台，勿使球皮接触粗糙地面或锋利、有勾爪的物体。

(3)操作人员戴橡胶手套，将气球取出平铺在防静电地垫(充球台)上，先将内球柄扎在充气嘴上，为内球充气。开始充气时应缓慢，并轻轻拉伸外球，防止内球将外球扭卷在一起。根据表格的计算结果，内球充气在白天和夜间略有区别。

① 若计算结果为内球拉力等于0，配重大于0。内球充气至球体本身能够立起即可停止充气，从充气嘴上取下气球，扎好内球柄看气球能否在空中平漂。若气球下降则继续充气，若气球上升则放掉部分氢气，直到气球能在空中平衡，确认无误后扎紧内球柄，将称量好的废球皮配重系在放球绳上随球升空。

② 如计算结果为内球拉力大于0，配重等于0。内球充气至球体本身能够立起之后适当再多充一点气，估计气球的拉力等于计算的内球拉力值时，可停止充气，取下气球扎好内球柄，

将放砝码的容器用铁丝钩挂在球柄边缘上看气球能否平衡。若气球下降，则需要继续充气，若气球上升则放掉部分氢气直到气球能在空中平衡（放气时带着砝码容器慢慢放气，达到平衡时停止放气，这样可准确控制放气量，避免反复充放气，较为方便），确认无误后取下砝码容器，扎紧内球柄。

（4）内球充气完毕充外球，视季节与天气情况，外球充气至拉力为 2 000～2 500 g，充气量要用拉力计确认。

4.10.6 施放前的准备

4.10.6.1 仪器装配

基测结束，关闭基测箱电源开关，将探空仪从基测箱上取下，拔掉通信线，切换至内部电池供电模式，激活电池（如需要），如使用近程或 1.6 G 熔断装置，需要重新开机与探空仪进行配对，配对成功后从观测端软件左侧实时数据区可以看到熔断装置信息，熔断装置脉冲数字从 0～29循环显示，如图 4.21 所示。为保证熔断装置滞空时间以及避免探空仪高度计算错误导致放球时间错误，可先关闭探空仪和熔断装置。按规范要求将探空仪放置在室外放球点进行感应，保证探空仪在施放前留有充足的感应时间。

实时数据

世界时(UTC)	00:01:04	卫星数	1 个
经度	0.0000°	纬度	0.0000°
定位状态	未定位	定位精度	0.0000
海拔高度	0.0000m	风向	180.00°
位势高度	0.00gpm	风速	0.00 m/s
北向速度	0.00 m/s	电池电压	2.90V
东向速度	0.00 m/s	气温	20.68℃
气球升速	0.00 m/s	气压	914.59 hPa
盒内温度	33.00℃	湿度	100.00%
方位	0.00°	仰角	0.00°
距离	0.00m	外挂类型	挂载熔断器
熔断器编号	22061747	熔断芯片温度	21.00℃
熔断升速	1333.00 m/s	熔断分钟升速	1333.00 m/s
熔断脉冲数字	11	熔断电压	3.20V
熔断指令	0		

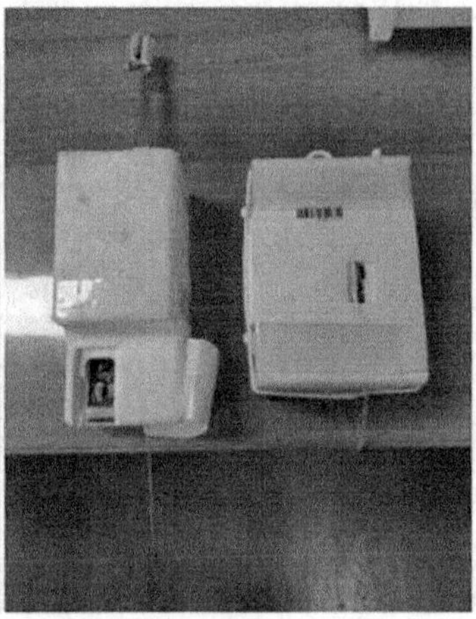

图 4.21　探空仪与熔断装置配对

4.10.6.2 校对计算机时间

为保证卫星导航探空组网观测数据有较好的时间一致性，基测完成后应校验计算机时间。施放前 15 min 左右，在接收卫星数大于 4 颗卫星的条件下，在时钟窗口，点击“时钟检验”按钮，弹出时间窗口，自动完成本地时间校对，并显示服务端时间和本地时间。

4.10.6.3 仪器检查

放球前对探空仪、熔断装置的信号和定位情况进行检查确认，保证探空仪、熔断装置在施放前工作正常。

（1）检查定位情况。施放前 10 min，将探空仪、熔断装置开机，从台站观测端软件上查看探空仪、熔断装置实时数据是否正常、连续，定位信息是否准确。如有异常，及时查明原因并排除故障或更换仪器，以免放球失败，如图 4.22 所示。

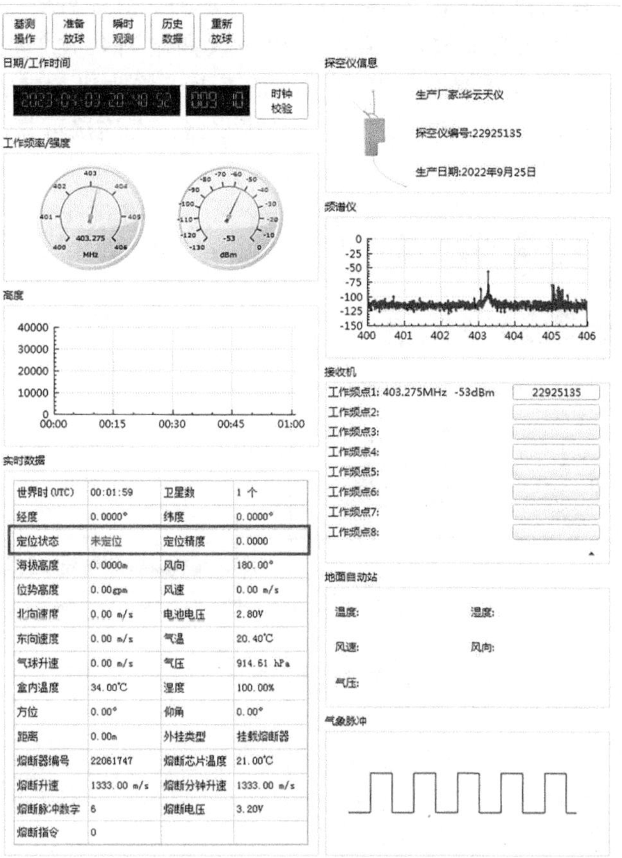

图 4.22　定位情况

(2)检查接收机频段干扰情况。探空仪开机后,查看观测端软件频谱仪,如图 4.23 所示。通过频谱信息检查当前探空仪和熔断装置的频段是否被干扰。如工作频点附近有较强干扰,应及时上报业务主管部门,协调解决。如无法解决且影响正常观测,须逐级上报省级业务主管部门按要求切换至指定频点,确保当前探空仪和熔断装置的频点不被其他信号干扰,造成数据

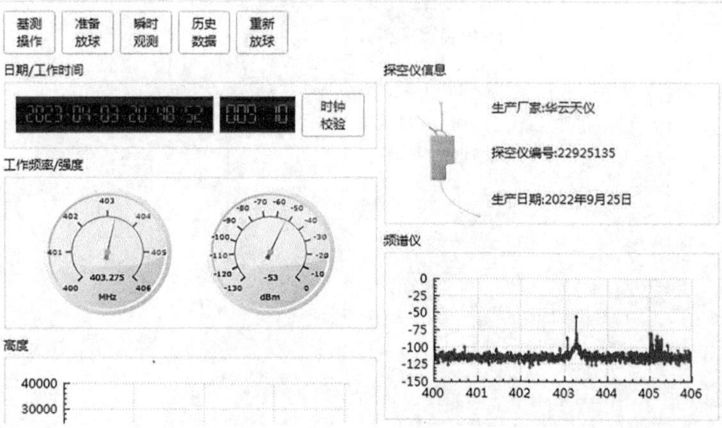

图 4.23　频谱仪

异常或熔断装置故障。接收机频点由中国气象局综合观测司统一分配。

(3)检查信号强度。探空仪施放前,需检查探空仪和熔断装置的信号强度是否正常,如图 4.24所示。检查探空仪和熔断装置的信号强度是否大于接收机的底噪,以确保数据正常传输。如信号强度与底噪相近,应检查接收机的信号接收器是否连接可靠,避免因信号强度过低导致接收信号失真、数据异常。

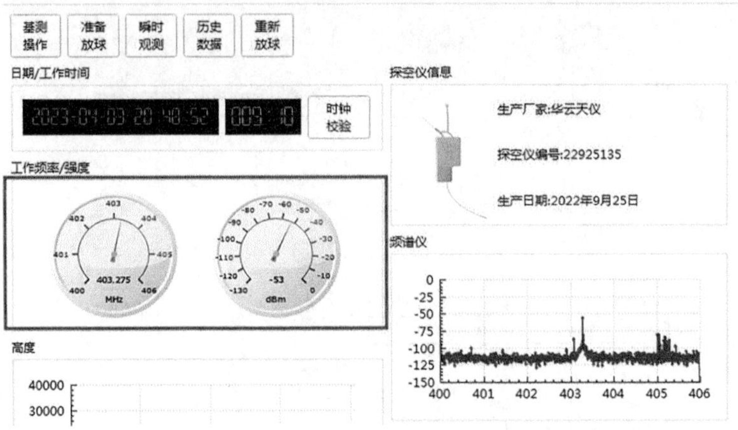

图 4.24　检查探空仪和熔断装置的信号强度

4.10.7　气球施放

4.10.7.1　正点放球前

将气球、熔断装置、降落伞、探空仪按要求正确连接,连接顺序依次是气球、熔断装置、降落伞、探空仪,如图 4.25 所示。连接完成后需仔细检查连接顺序是否正确、连接是否可靠,防止因连接问题导致放球失败或迟测。确认连接无误后,将气球慢慢升起。如果放球软件数据全部正常,等到了正点放球时间施放气球。

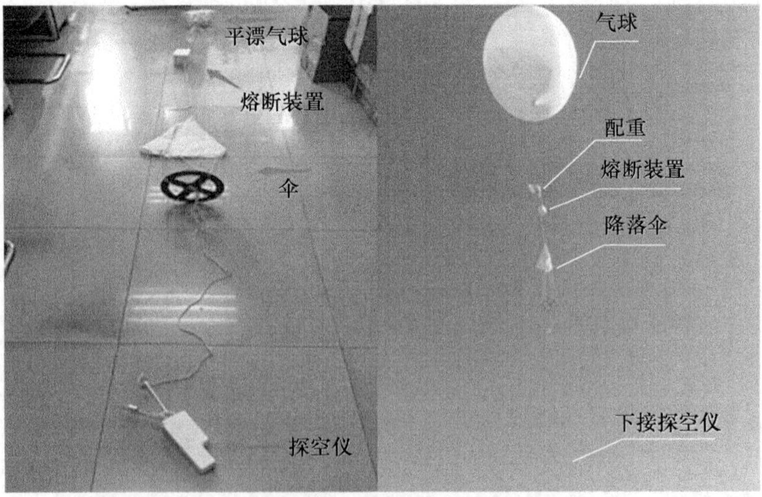

图 4.25　气球和仪器的连接

4.10.7.2 瞬时观测

放球前后 5 min 填写瞬间观测记录，包括天气现象、露点温度、温度、湿度、气压、风向、风速、能见度、云量、云高、云状等。每次施放前还应按要求填写气球相关数据，包括施放计数、附加物质量、气球与探空仪间绳长、总举力、净举力、气球质量，如图 4.26 所示。

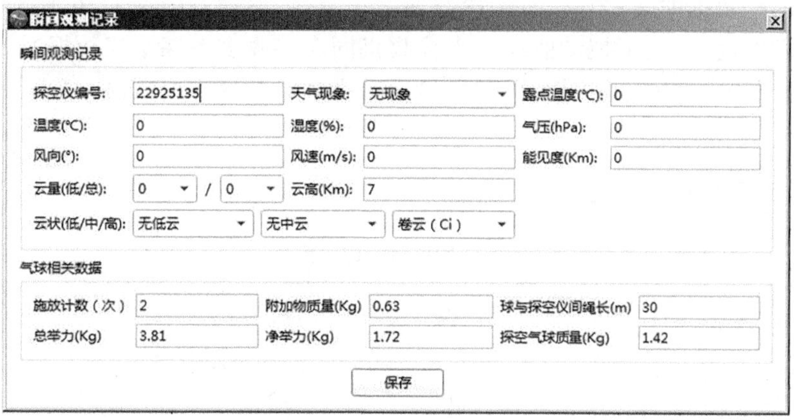

图 4.26 瞬间观测记录

4.10.7.3 放球流程

瞬间观测填写完毕，时间到达正点时间，点击“准备放球”按钮，程序会自动检测是否允许放球(如探空仪和熔断装置信号是否有信号、基测数据是否合格等)。如不满足放球条件，放球按钮为灰色显示。气球施放后，软件利用探空仪气压传感器数据和北斗定位数据，通过计算可精确判断放球时间。如遇特殊情况，软件无法正确确认放球时间，值班员可通过探空秒数据、定位秒数据、高度数据等，人工确定探空起始时间。可在探空曲线页面点击鼠标右键弹出菜单，如图 4.27 所示。

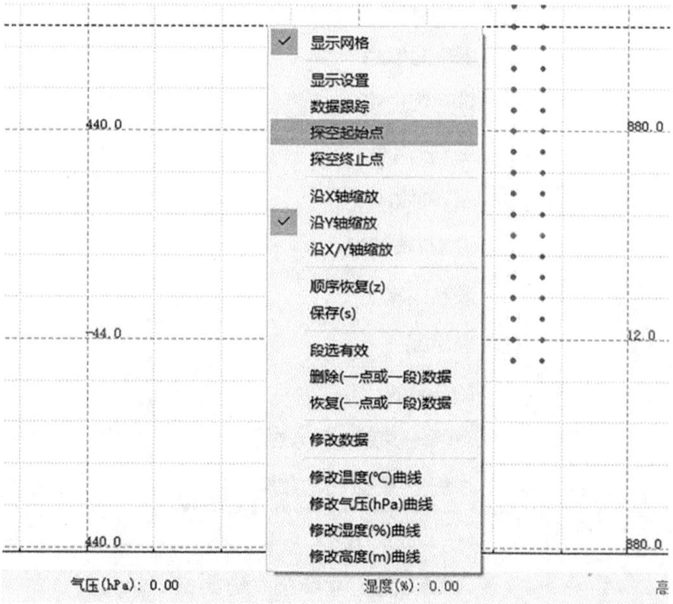

图 4.27 探空曲线页面右键菜单

4.10.7.4 数据查看

(1)历史数据。历史数据可查看基测报告、瞬间观测记录、高表 13、高表 14、高表 16 和 $T—\ln p$ 图，点击左侧文件列表，右边文件内容即时刷新。

(2)探空曲线。探空曲线展示了左侧选中的探空仪的数据曲线图，如图 4.28 所示，包括温度、气压、湿度的秒数据曲线。在该页面探空曲线显示区，滚动鼠标滚轮，可调节时间坐标显示范围。按住鼠标左键，可上下拖动曲线。当接收机同时接收多个探空仪数据时，点击左侧接收机工作频点所在行的“序列号”按钮，可切换显示对应频点的探空仪数据。

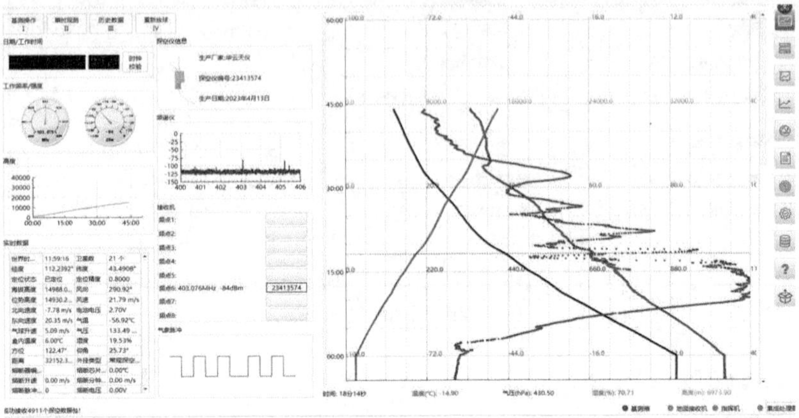

图 4.28 探空曲线

在探空曲线上点击鼠标右键，弹出数据操作菜单，如图 4.29 所示。通过滚轮可沿 X、Y 轴

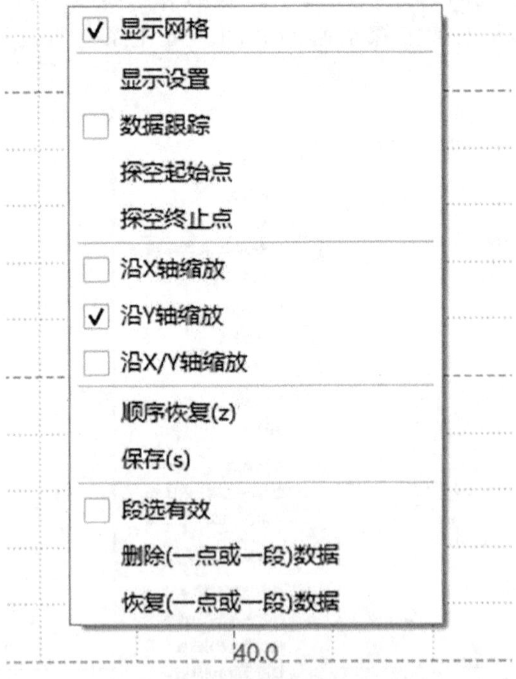

图 4.29 探空曲线区右键菜单

方向放缩探空曲线，调整显示比例。同时，软件提供了修改探空曲线数据的功能，但通常观测数据不允许人工修改，数据处理过程要严格遵守相关规定。

(3)探空数据。探空数据默认显示最近 120 s 的数据，可以通过左上角行数选择来进行数据质量控制。探空数据包括时间、气温、订正后的气温、气压、传感器气压、高度反算气压、气压附温、湿度、高度、位势高度、风向(S)、风速(S)、风向(D)、风速(D)、经度、纬度、电池电压、臭氧分压。

(4)风曲线。风曲线展示了风速和风向随时间变化曲线，滚动鼠标滚轮可调整显示比例。在该页面点击鼠标右键，弹出相应操作菜单，如图 4.30 所示。

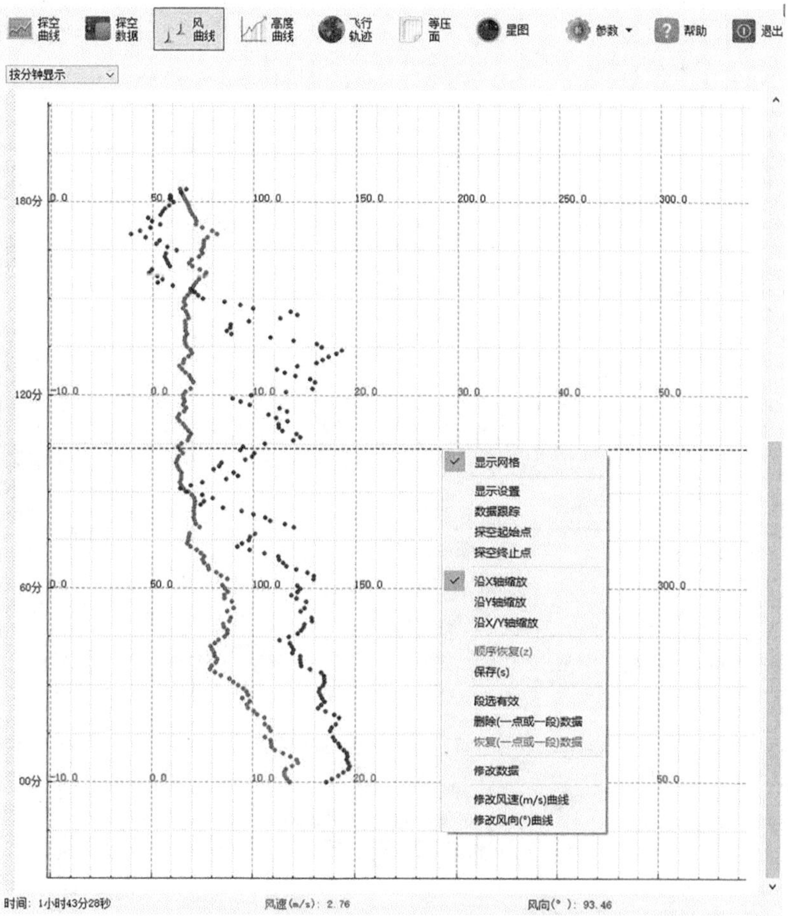

图 4.30　风曲线区右键菜单

(5)高度曲线。高度曲线展示了探空仪高度随时间变化的曲线，包括气压高度、定位高度，如图 4.31 所示。

(6)星图。星图主要展示卫星相关数据，包括卫星 ID、方位角、仰角、高度。星图右侧展示了当前的详细数据，包括世界时、卫星数、定位状态、定位精度、北向速度、东西速度、气球升速、经度、纬度、海拔高度、位势高度、气压高度、仰角、方位、距离，如图 4.32 所示。

(7)飞行轨迹。飞行轨迹展示了探空仪、熔断装置空间位置随时间变化曲线，由于飞行轨迹查看占用计算机资源较多，频繁切换窗口可能造成业务软件卡顿。

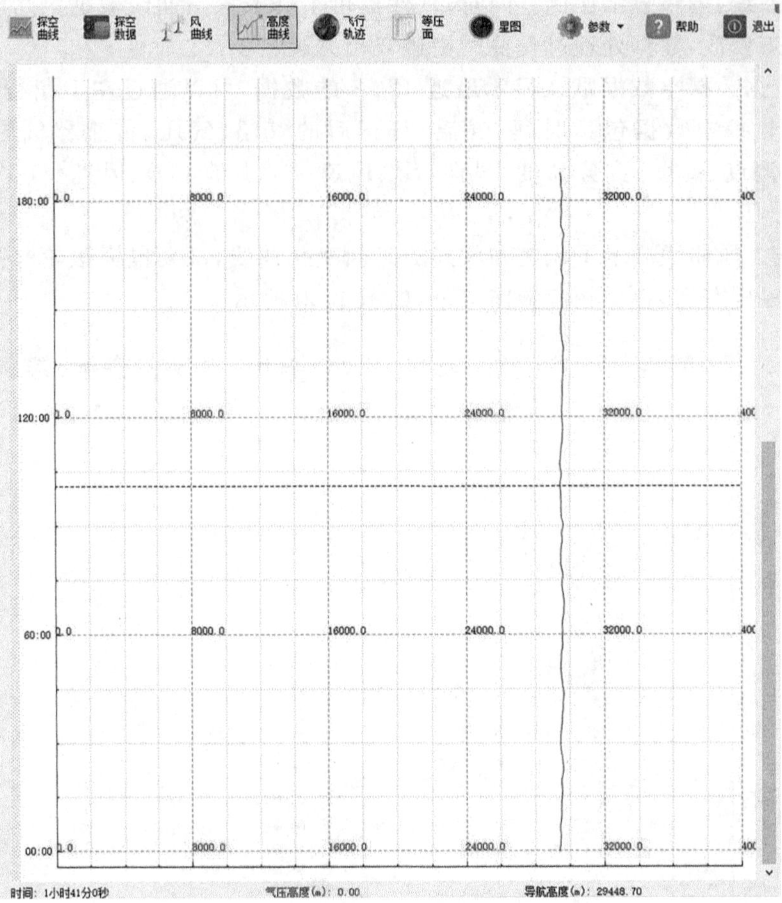

图 4.31　高度曲线

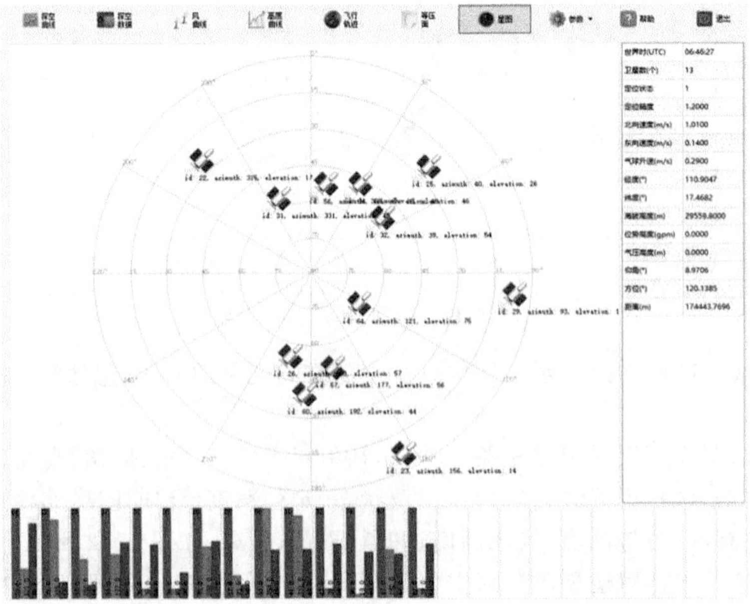

图 4.32　星图

(8)退出。观测结束退出软件时,需选择探测终止原因,如图 4.33 所示。

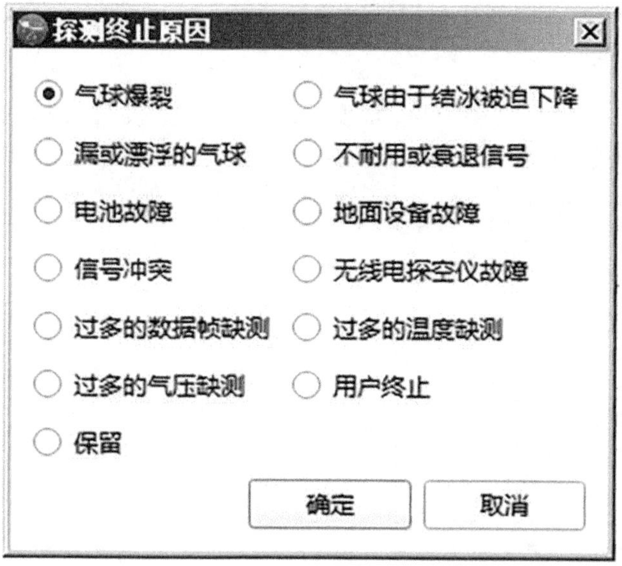

图 4.33　探测终止原因

4.10.8　数据编辑软件

通过观测端软件进入数据编辑界面,如图 4.34 所示。

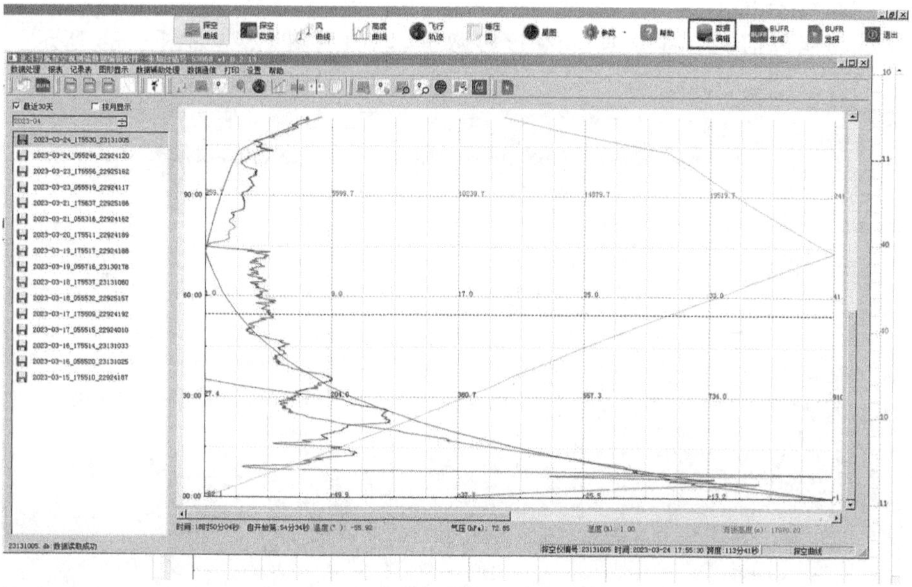

图 4.34　数据编辑菜单

软件默认数据文件存放在"edit"文件夹,如"\区站号\edit\sdfile";基测数据保存在"basereport"文件夹内;"instant"文件夹保存瞬间数据;"backup"文件夹数据备份;"database"文件夹下存放的是熔断装置数据。

4.10.8.1 数据查看

数据编辑软件的数据查看功能包括高表显示、数据显示、等压面显示。

4.10.8.2 高表显示

高表显示包括高表—13、高表—14、高表—16，点击“报表”，选择“高表显示”，或者点击“ ”，可查看对应高表数据，如图 4.35 所示。

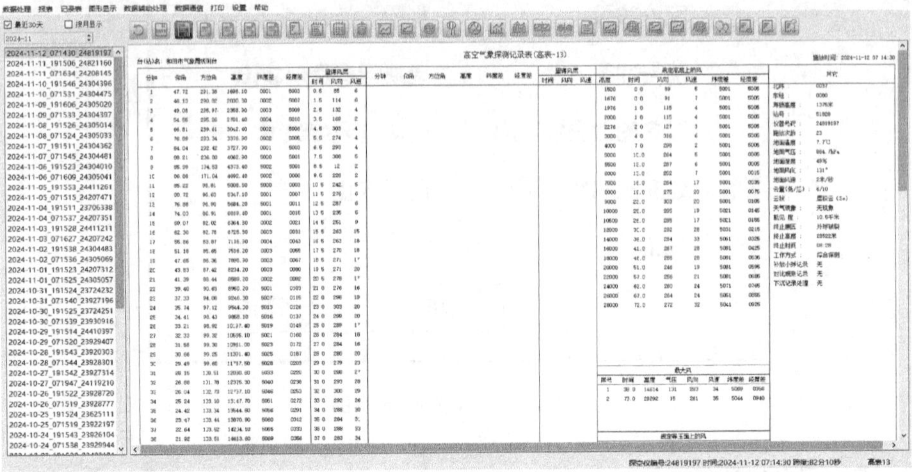

图 4.35 高表—13

4.10.8.3 数据显示

数据显示功能包括探空秒数据、经纬度秒数据、地面观测记录，如图 4.36 所示。

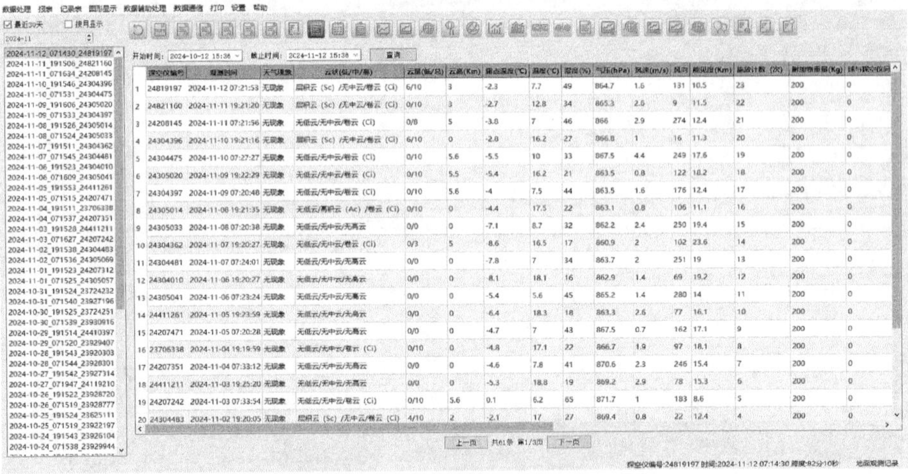

图 4.36 地面观测记录

4.10.8.4 等压面显示

点击“等压面”按钮，显示等压面数据。等压面数据包括时间、气压、位势高度、气温、湿度、露点、温度露点差、风向、风速、经度差、纬度差。

4.10.8.5　图形查看

图形显示功能包括风曲线显示、探空曲线显示、经纬度曲线显示、气球高度飞行轨迹显示、气球飞行轨迹显示、气球升速曲线显示、处理前后探空曲线对比图、处理前后经纬度曲线对比图。

4.10.8.6　风曲线显示

点击“图形显示”选择“风曲线”，或者点击“ ”图标进入风曲线显示界面，风曲线展示了风向、风速随高度的变化曲线，如图 4.37 所示。

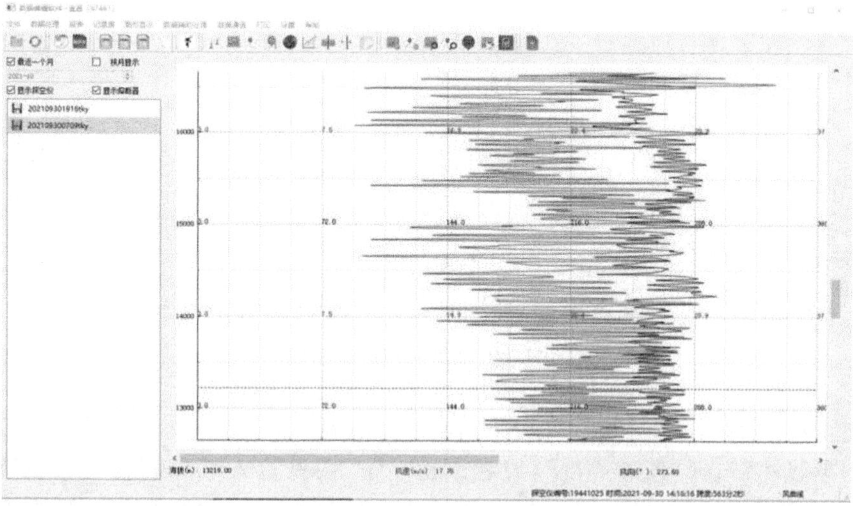

图 4.37　风曲线显示

4.10.8.7　探空曲线显示

点击“图形显示”选择“探空曲线”，或者点击图标“ ”进入探空曲线显示界面。探空曲线展示了温度、湿度、气压随时间的变化曲线，如图 4.38 所示。

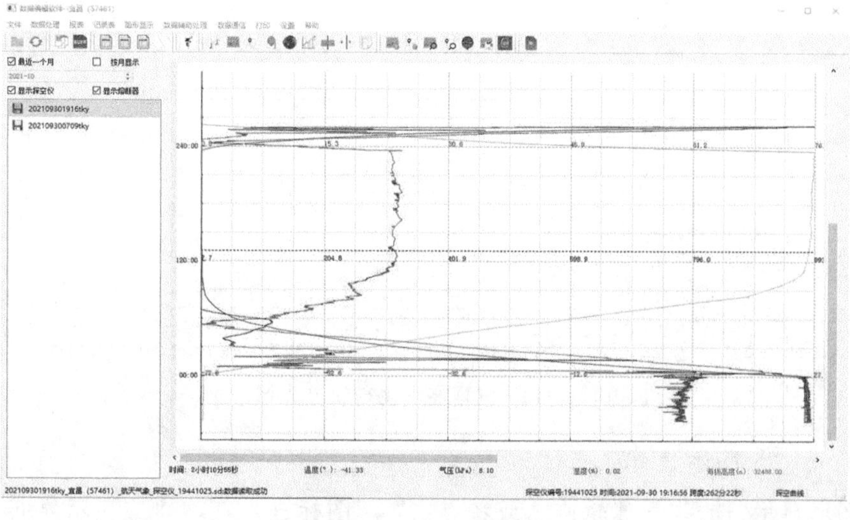

图 4.38　探空曲线显示

4.10.8.8 经纬度曲线显示

点击“图形显示”选择“经纬度曲线”，或者点击“ ”图标进入经纬度曲线显示界面。经纬度曲线展示了经度、纬度随时间的变化曲线，如图 4.39 所示。

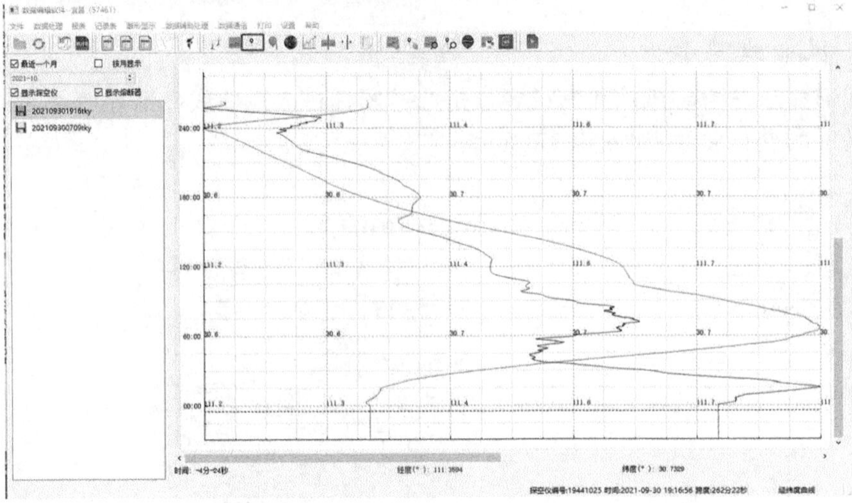

图 4.39 经纬度曲线显示

4.10.8.9 气球高度飞行轨迹显示

点击“图形显示”选择“气球高度”，或者点击“ ”图标进入气球高度飞行轨迹显示界面。气球高度风向轨迹展示了两幅曲线——探空仪高度随时间变化曲线和气压随高度变化曲线，如图 4.40 所示。

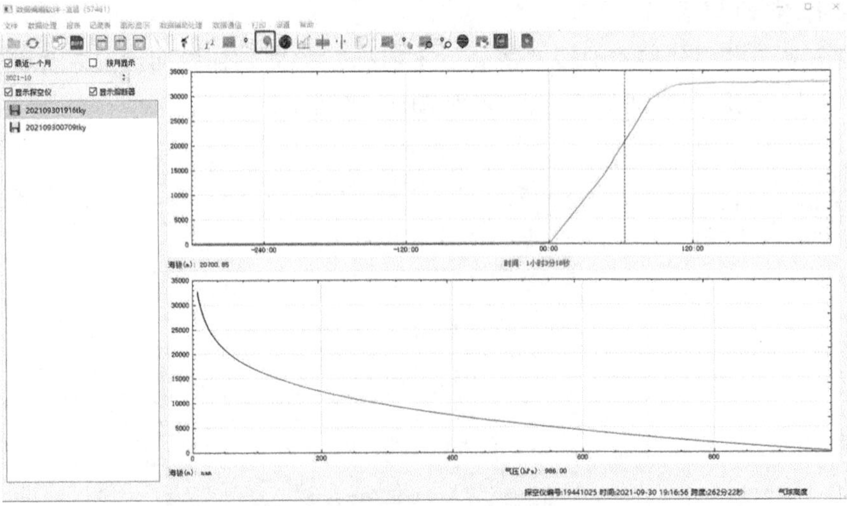

图 4.40 气球高度飞行轨迹显示

4.10.8.10 气球轨迹显示

点击“图形显示”选择“气球轨迹”，或者点击“ ”图标进入气球轨迹显示界面。气球轨迹展示了气球飞行的三维轨迹以及在地面的投影曲线。轨迹曲线与卫星地图叠加，显示效果更为直观。

4.10.8.11 气球升速曲线显示

点击“图形显示”选择“升速曲线”，或者点击“”图标进入气球升速曲线显示界面。升速曲线展示了气球升速随高度变化的曲线。

4.10.8.12 处理前后探空曲线对比

探空曲线对比展示了探空曲线处理前后的对比，如图 4.41 所示。

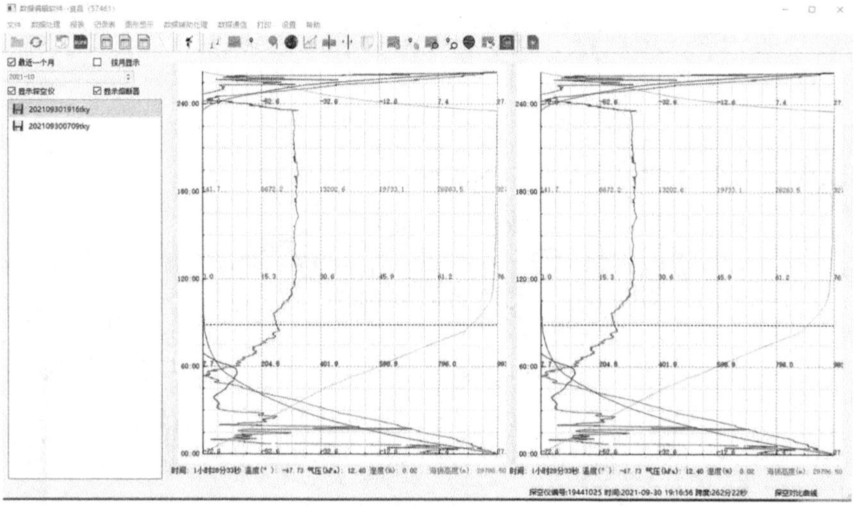

图 4.41 探空曲线对比

4.10.8.13 处理前后经纬度曲线对比

通过经纬度曲线对比可查看处理前后曲线差异，确认经纬度数据处理是否合理，如图 4.42所示。

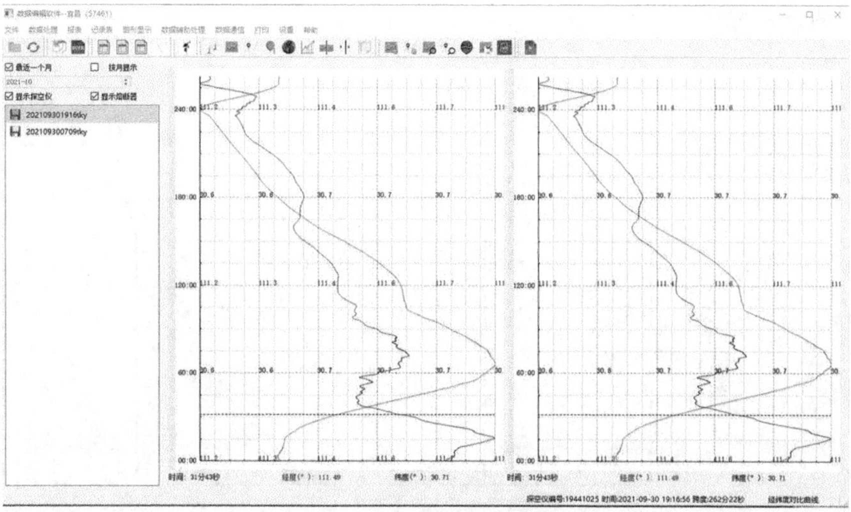

图 4.42 处理前后经纬度曲线对比

4.10.8.14　数据处理

数据辅助处理菜单的功能包括数据恢复、手动修正探空曲线、手动修正经纬度曲线、探空数据查询、经纬度数据查询、气球下沉处理、数据订正、输出 txt 文本等。

(1)数据恢复。数据恢复按钮可还原之前修改的数据内容，如果数据修改有误，可将数据恢复至最原始的数据文件。点击主界面“恢复”按钮，弹出提示对话框，选择“Yes”即完成数据恢复。数据恢复只针对左侧数据列表选中的数据文件操作。

(2)手动修正探空曲线。点击“数据辅助处理”选择“手动修正探空曲线”，或者点击“ ”图标进入手动修正探空曲线界面，如图 4.43 所示。在图中探空曲线上点击鼠标右键，弹出操作菜单，可实现对温度、湿度、气压曲线的删除、修改等操作。

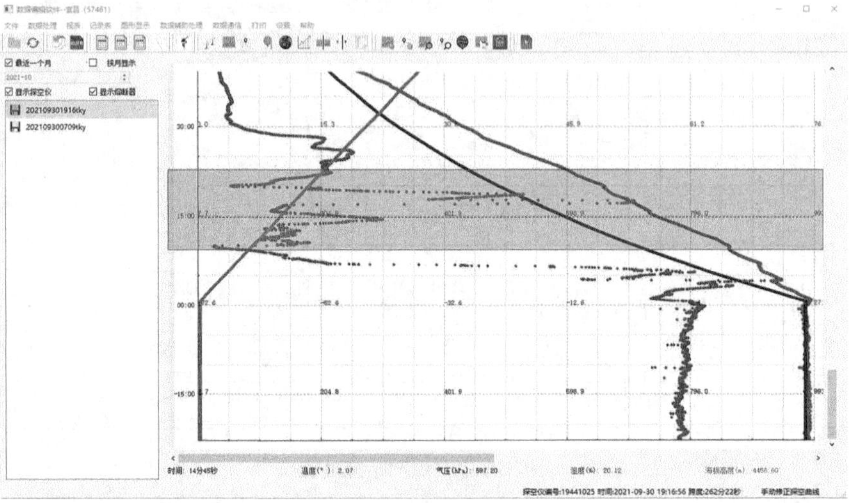

图 4.43　手动修正探空曲线

(3)手动修正经纬度曲线。点击“数据辅助处理”选择“手动修正经纬度曲线”，或者点击“ ”图标进入手动修正经纬度曲线界面，如图 4.44 所示。在曲线点击鼠标右键，可实现对经度、纬度数据的修改操作。

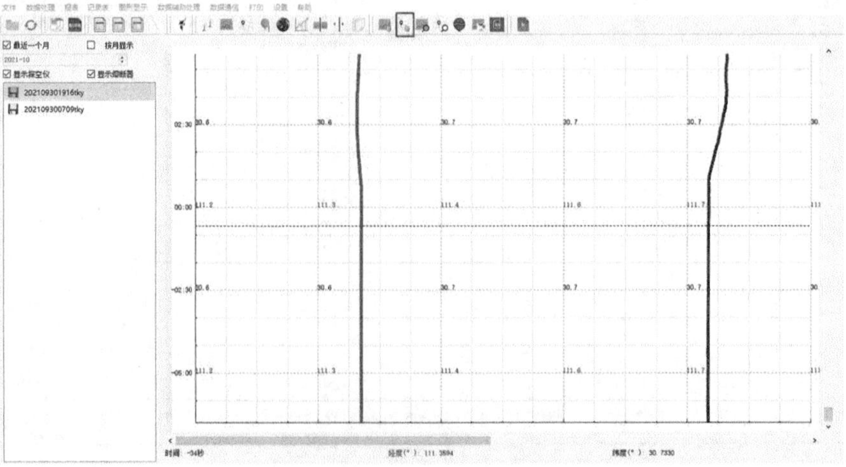

图 4.44　手动修正经纬度曲线

(4)探空数据查询。点击“数据辅助处理”选择“探空数据查询”,或者点击“”图标进入探空数据查询界面,可查询探空秒数据,包括时间、温度、气压、湿度、盒内温度、是否缺测。

(5)经纬度数据查询。点击“数据辅助处理”选择“经纬度数据查询”,或者点击“”图标进入经纬度数据查询界面,可查询经纬度秒数据,包括时间、经度、纬度、海拔、方位角、仰角、距离、是否缺测。

(6)气球下沉处理。点击“数据辅助处理”选择“气球下沉处理”,或者点击“”图标进入气球下沉处理界面,如图 4.45 所示。通过“shift＋鼠标左键”,将待删除的下沉记录选中,点击右键删除即可。

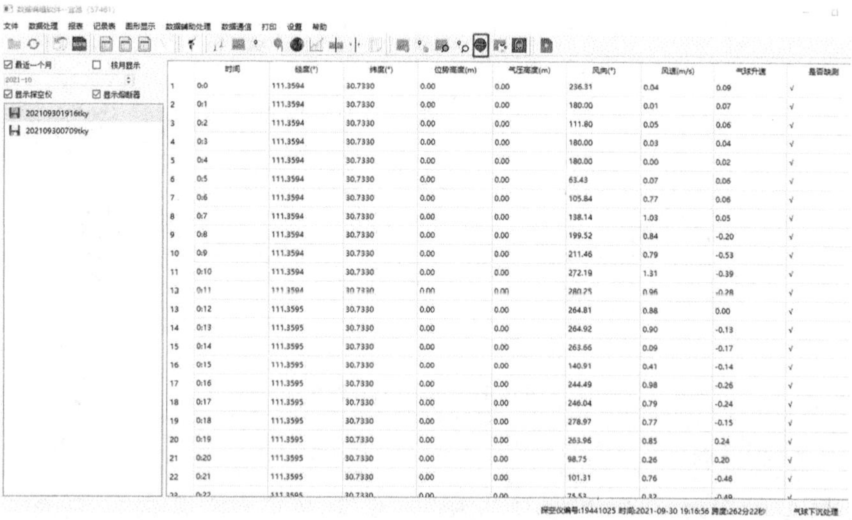

图 4.45　气球下沉处理

(7)数据订正。点击“数据辅助处理”选择“数据订正”,或者点击“”图标进入数据订正界面,如图 4.46 所示。

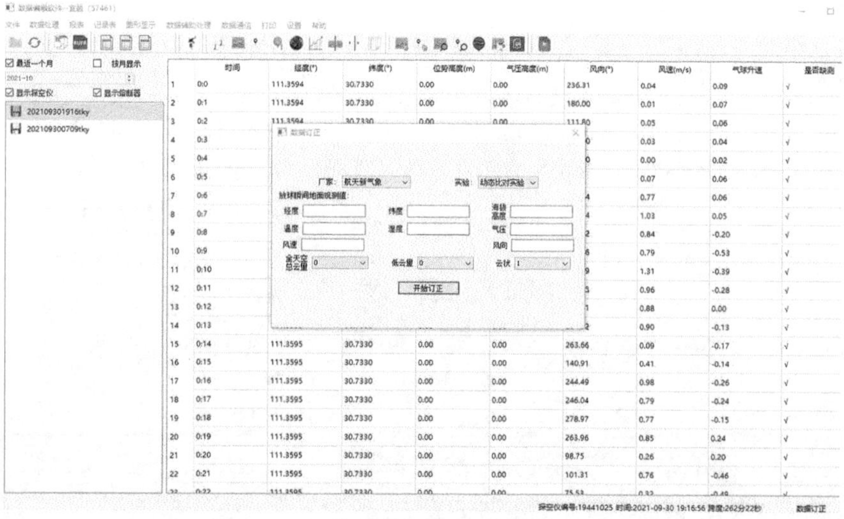

图 4.46　数据订正

(8)输出 txt 文本。点击“数据辅助处理”选择“输出 txt 文本”,或者点击“■”图标进入输出 txt 文本界面,如图 4.47 所示。此操作可将探空秒数据或测风秒数据以 txt 文本保存,文件保存至程序安装路径下的“txt”文件夹下。

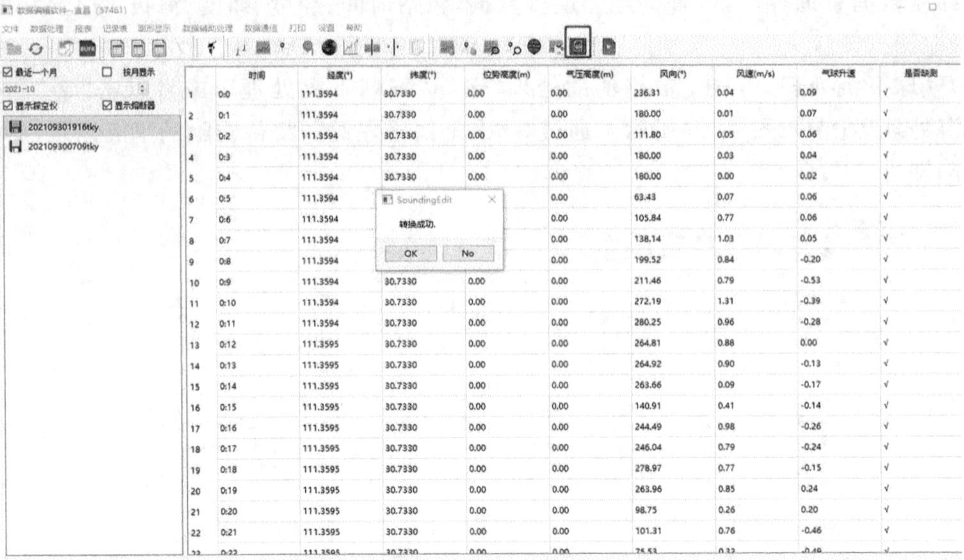

图 4.47 输出 txt 文本

4.10.8.15 数据上传

通过“数据选项”中的“BUFR”选项,或者“■”标签,生成 BUFR 报文、高表、T—ln$p$ 图,如图 4.48 所示。选择 BUFR 文件存储路径和 BUFR 文件层次:50、10、00 以及 BUFR 类型,生成 BUFR 文件。其中,50、10、00 分别代表层次是 500 hPa、100 hPa、观测结束报文。

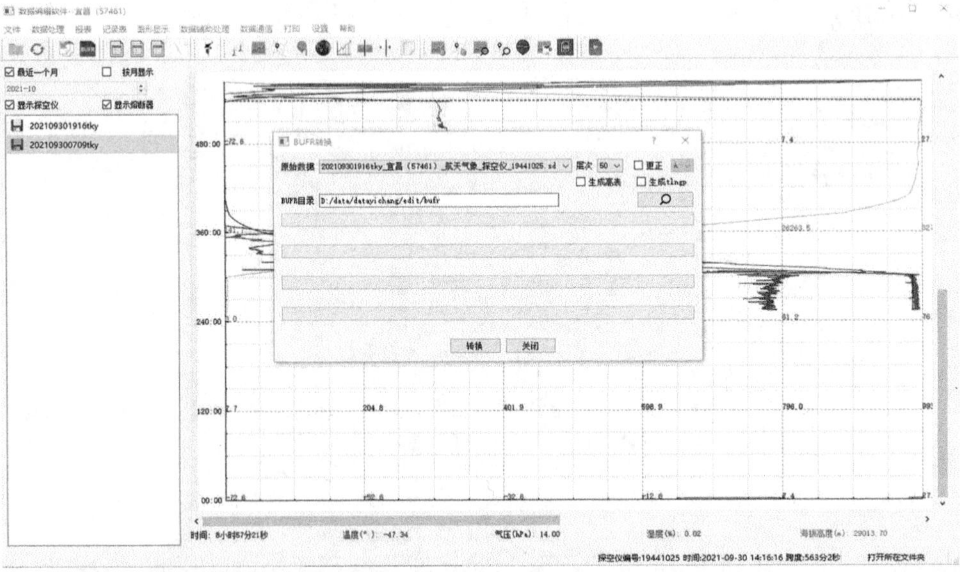

图 4.48 BUFR 转换

生成 BUFR 报文后，点击“数据通信”选择“发报”，或者点击图标进入发报界面，如图 4.49 所示。

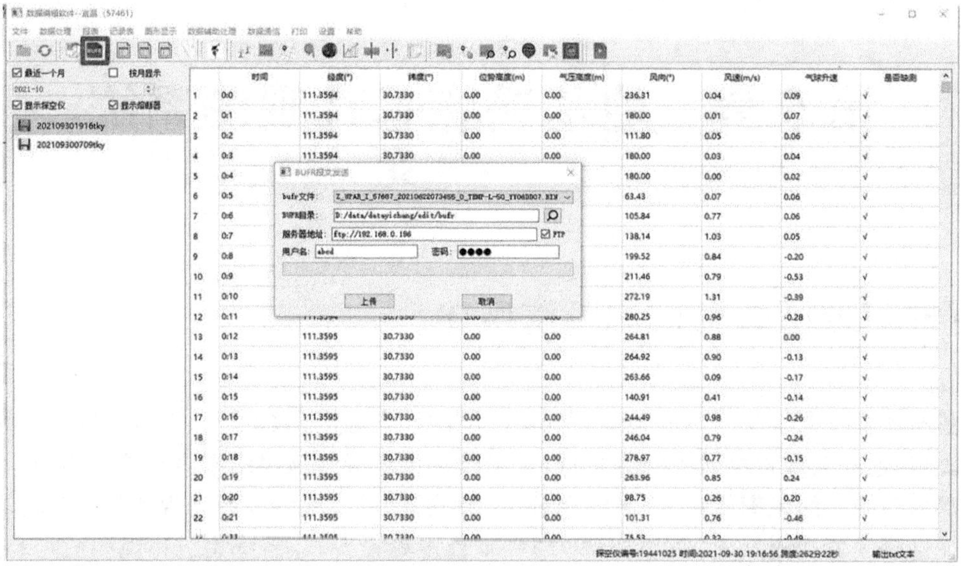

图 4.49　报文发送

第5章　地基遥感垂直观测系统

5.1　地基遥感垂直观测系统概述

地基遥感垂直廓线观测可实现地面到对流层的大气温度、湿度、风、气溶胶廓线连续观测，具有频次高、连续获取资料能力强等特点，对于改进数值天气预报结果具有重要作用。地基遥感垂直观测系统中的风廓线仪、毫米波测云仪、微波辐射计、气溶胶激光观测仪(三波长)、地基导航卫星遥感气象观测系统(GNSS/MET)等垂直观测设备，经系统集成将观测数据和多要素融合数据实时推送省气象信息中心，再经国家信息中心提供给预报、服务等业务系统人员使用(图5.1)。

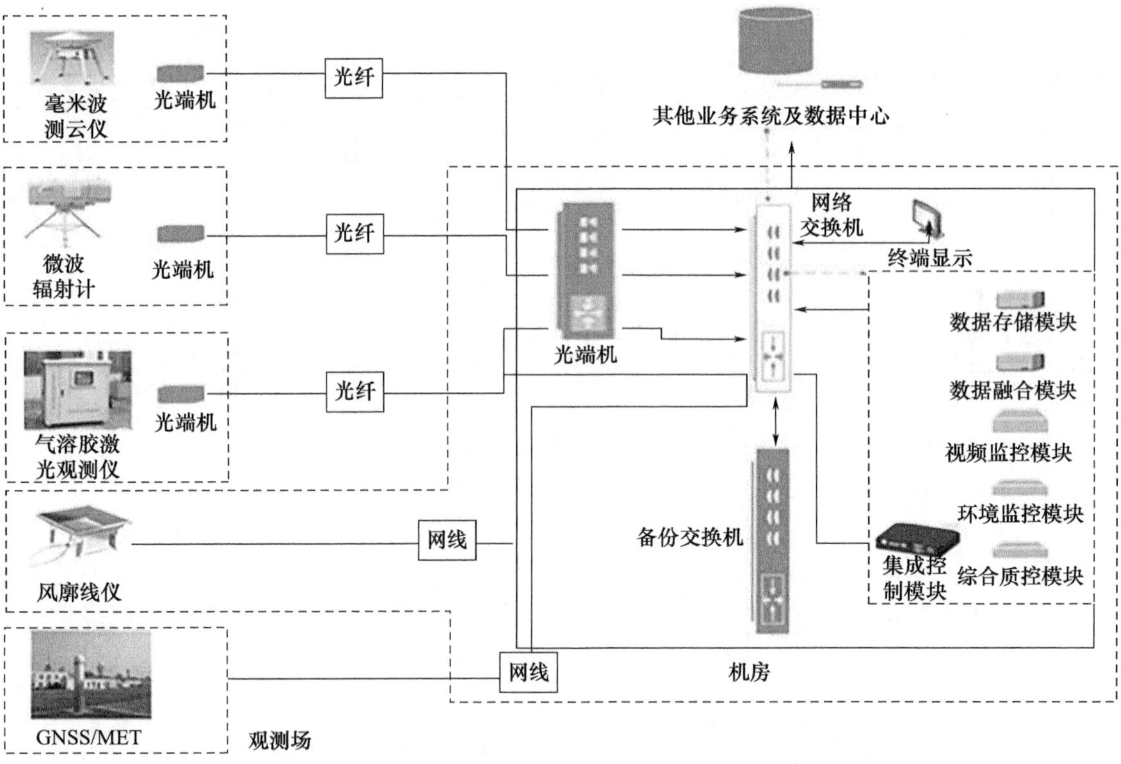

图5.1　地基遥感垂直气象观测系统组成结构框图

5.1.1 风廓线仪结构及工作原理

风廓线仪由天馈分系统、发射分系统、接收分系统、信号处理分系统、监控分系统、标定分系统、数据处理及应用终端分系统、配电分系统等多个分系统组成，组成结构如图 5.2 所示。详见《风廓线雷达观测与应用使用手册》。

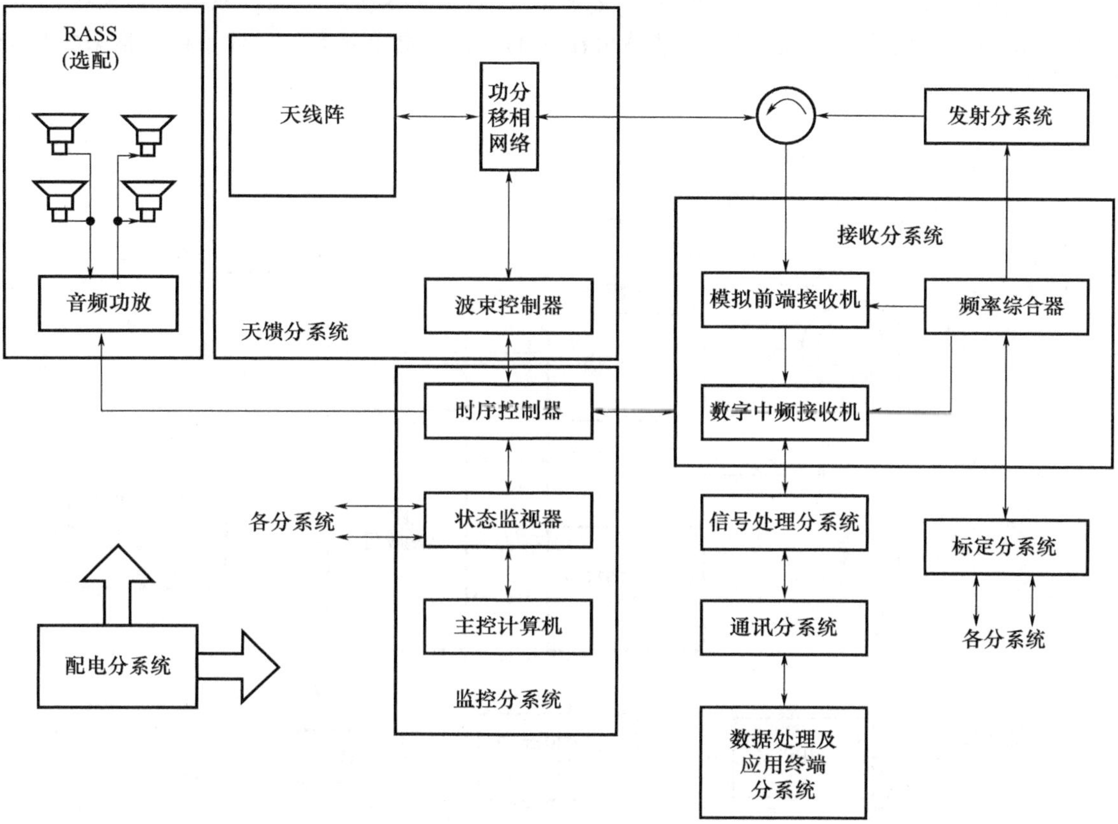

图 5.2 风廓线仪组成结构

风廓线仪以晴空大气作为探测对象，利用大气湍流对电磁波的散射作用进行大气风场等要素的探测。大气湍流散射是风廓线仪回波信号的基本成因。风廓线仪的信号处理要经过相关积累、时域—频域转换、谱平均和谱矩参数估计等几个步骤。为了减小测量误差，大部分风廓线仪采用 5 个波束。5 个波束指向一般是 1 个垂直指向波束，4 个倾斜指向波束。倾斜波束一般为正东、正西、正南、正北，倾斜波束的天顶夹角在 15°左右。

5.1.2 微波辐射计结构及工作原理

地基微波辐射计系统包括接收单元、内部定标单元、数据采集与系统控制管理单元、集成处理器、必要的辅助单元以及辐射计的控制管理应用软件。微波辐射计根据大气对于不同频率微波频段辐射吸收的差异，选择不同微波通道探测大气的亮度温度（亮温）的变化，通常是对大气在 22.2～200.0 GHz 的频率带中的微波辐射进行测量。通过观测来自于水汽线压力增宽的辐射的强度和形状的信息，可以得到水汽廓线。地基微波辐射计能通过探测大气亮温，结合使用物理方法和统计方法建立反演方法，能长期、自动、连续地提供 0～10 000 m 的温度、湿度廓线，计算得出大气柱积分水汽量、大气柱积分云水含水量等多种应用产品，满足气象业务和科研的实际使用需求。详见《微波辐射计观测原理与应用》。

5.1.3 毫米波测云仪

毫米波测云仪分为硬件系统和软件系统两部分，如图 5.3 所示。硬件系统包含天线、天线罩、发射机、接收机、信号处理单元、标准输出控制单元和供电单元等。软件系统包括采集处理软件和终端显示软件。

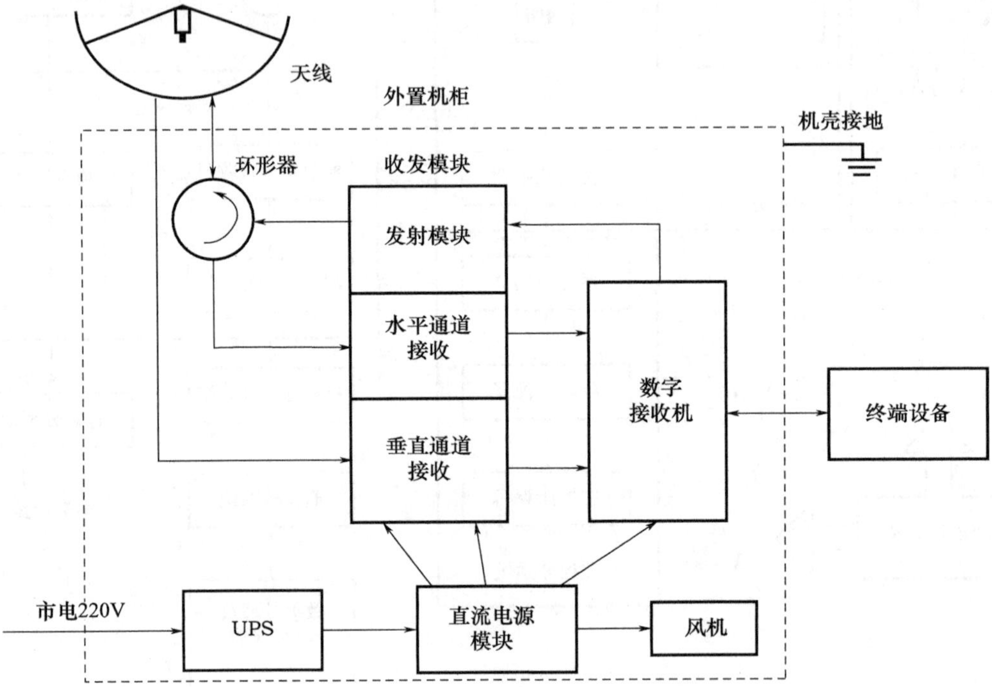

图 5.3 毫米波测云仪结构框图

毫米波测云仪利用云雾和弱降水对电磁波的散射作用，对探测范围内云、雨、雾的空间位置、反射率因子、径向速度、速度谱宽参数等进行定量探测，获取目标的形状、相态和空间分布等特征。

5.1.4 气溶胶激光观测仪

气溶胶激光观测仪（三波长）由激光发射分系统、接收分系统、光电转换与数据采集分系统、电源分系统、综合控制分系统和环控分系统等组成，如图 5.4 所示。

气溶胶激光观测仪（三波长）是一种大气探测激光雷达，它以 355 nm、532 nm 和 1 064 nm 3 个波长为光源，通过瑞利散射、米散射、拉曼散射、吸收等与大气相互作用，产生 8 种回波信号来反演大气参数。通过与大气相互作用，可以反演得到气溶胶消光系数、气溶胶后向散射系数、气溶胶粒子退偏振比、云信息、光学厚度、污染物混合层高度、能见度、颗粒物浓度廓线等信息，详见《气溶胶激光雷达工作原理及数据使用手册》。

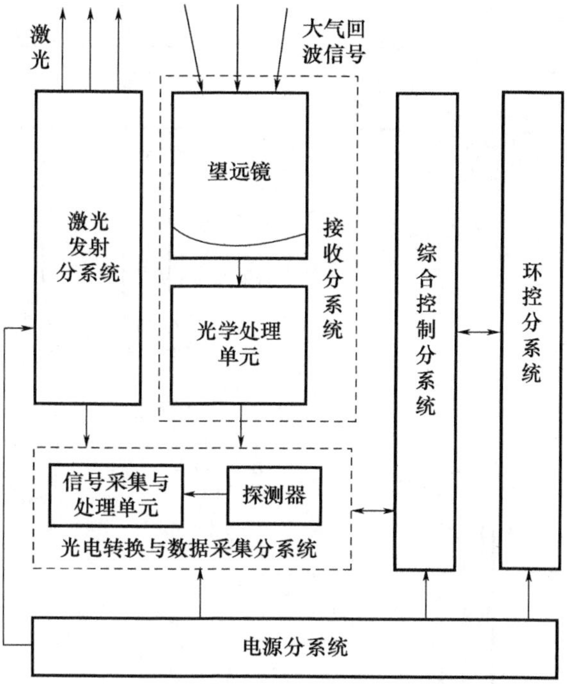

图 5.4 气溶胶激光观测仪(三波长)组成框图

5.1.5 GNSS/MET 结构及工作原理

GNSS/MET 由导航卫星信号接收天线、辅助气象要素测量单元、接收机、标准输出控制单元等组成,如图 5.5 所示,详见《GNSS/MET 建设与应用》。

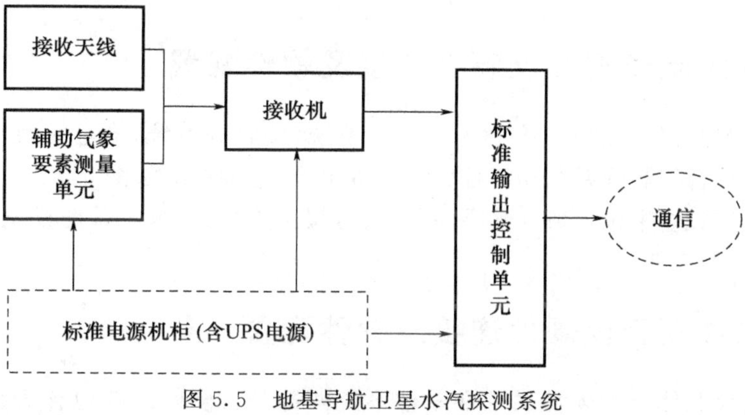

图 5.5 地基导航卫星水汽探测系统

5.2 设备硬件连接及软件配置

5.2.1 风廓线雷达硬件连接及软件配置

风廓线雷达由监控组合、接收组合、工控机和标定组合 4 部分构成,电源线路连接如

图 5.6所示。

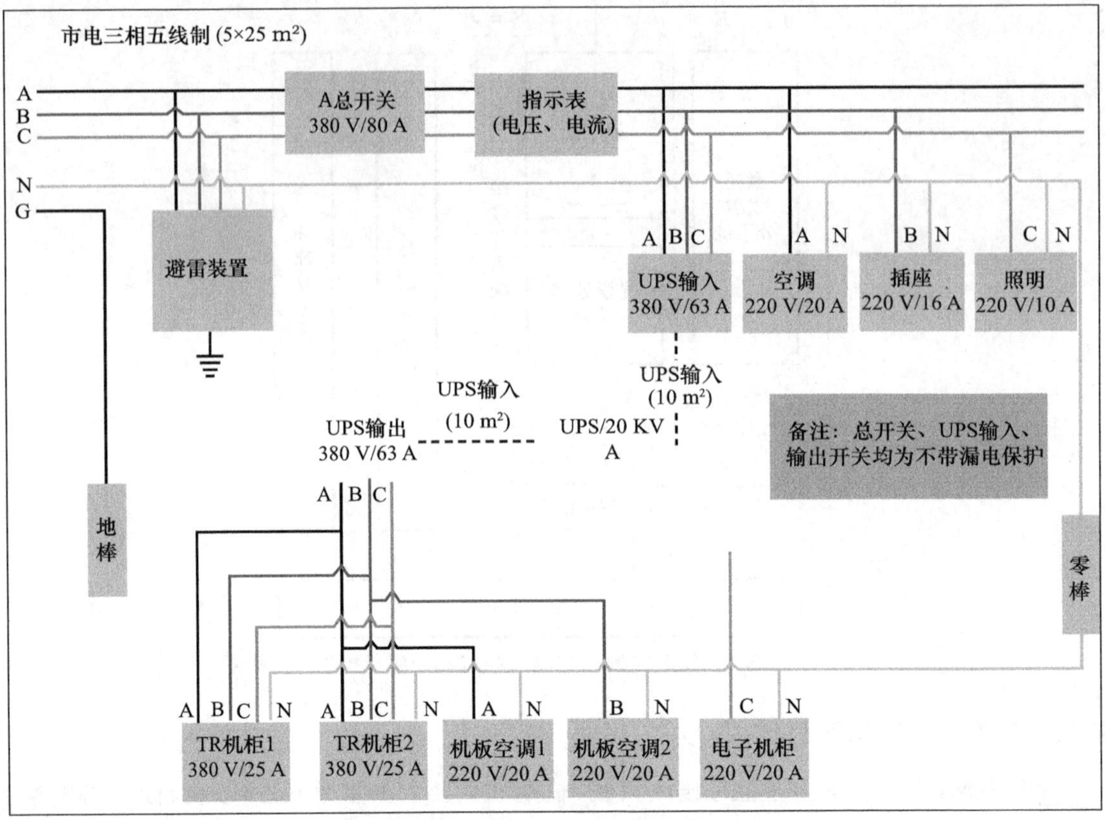

图 5.6　风廓线雷达电源线路连接示意

5.2.2　气溶胶激光观测仪硬件连接及软件配置

气溶胶激光观测仪(三波长)由激光发射分系统、接收分系统、光电转换与数据采集分系统、电源分系统、综合控制分系统和环控分系统等组成,连接情况如图 5.7 所示。

分析软件系统设置中包含数据来源路径、每日报文路径、Json 文件路径及 FTP 服务地址,具体参数配置,如图 5.8 所示。

5.2.3　毫米波测云仪硬件连接及软件配置

毫米波测云仪总体分为硬件系统和软件系统两部分。硬件系统包含天线、天线罩、发射机、接收机、信号处理单元、标准输出控制单元和供电单元等。软件系统包括采集处理软件和终端显示软件,连接结构如图 5.9 所示。

毫米波测云仪标准输出控制器为 linux 操作系统,其中标准输出控制器的设置包含 FTP 传输参数配置,标定文件生成参数配置及业务过程文件监控等相关设置,软件配置如图 5.10 所示。

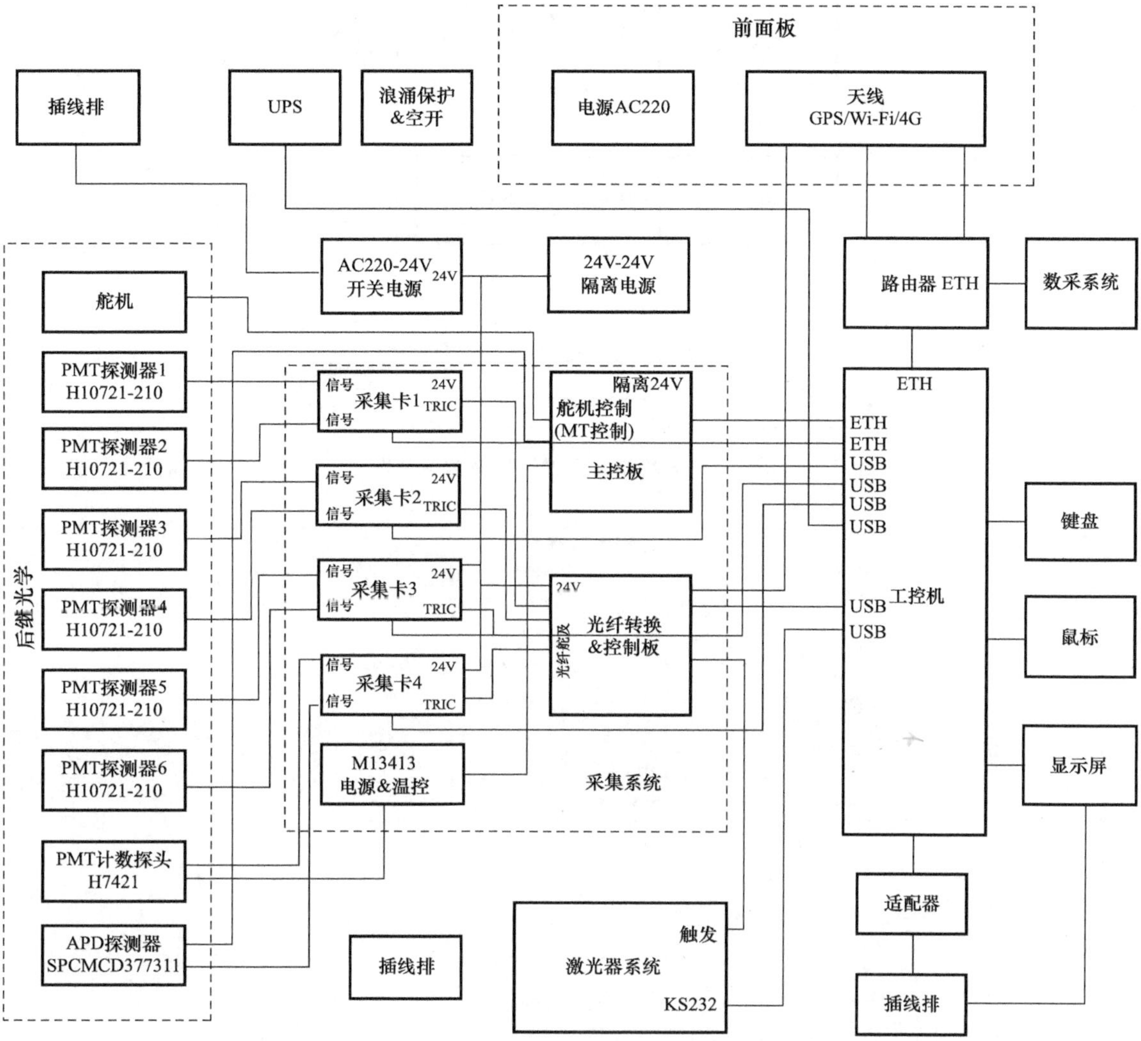

图 5.7　气溶胶激光观测仪连接结构示意

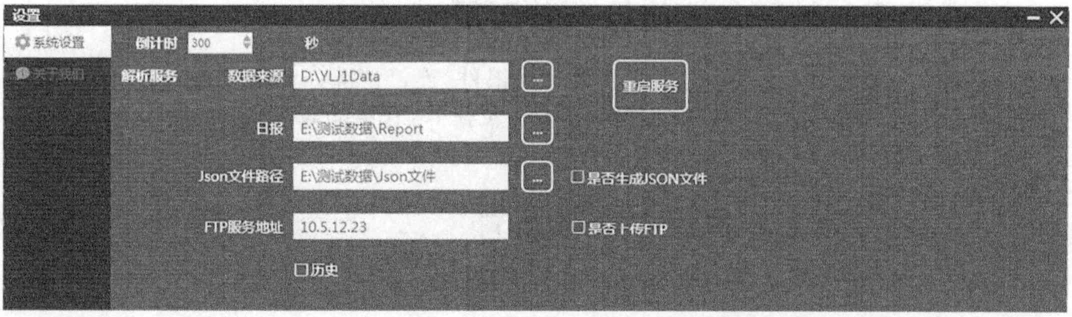

图 5.8　气溶胶激光观测仪分析软件参数设置

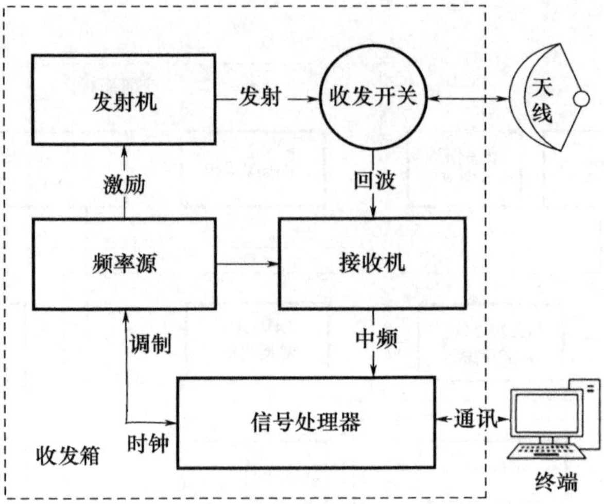

图 5.9　毫米波测云仪连接结构示意图

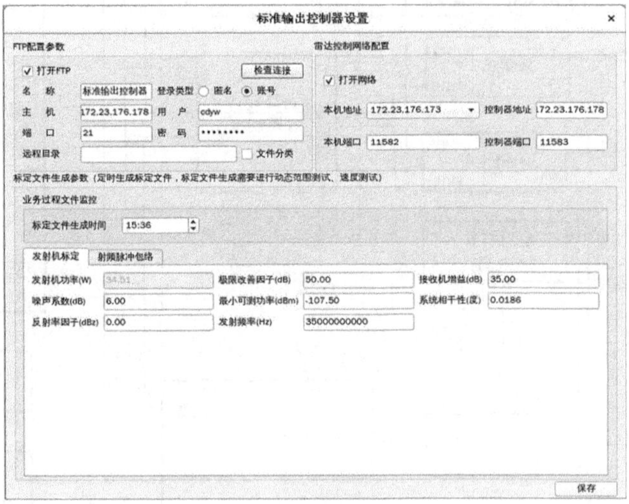

图 5.10　毫米波测云仪软件配置

5.2.4　微波辐射计硬件连接及软件配置

微波辐射计接收单元包含天线组件和接收器组件，连接情况如图 5.11 所示。

微波辐射计传输数据时需用到数据格式转换器软件，在设置中勾选 FTP 上传，并将生成数据按照时间分类，如图 5.12 所示。

5.2.5　GNSS/MET 水汽设备软件配置

水汽设备连接较为简单，室外天线通过同轴光缆连接至室内标准输出控制器即可，再通过网线将标准输出控制器接入交换机中，此处需注意气象仪通信口的设置，包括串口选择、每秒位数、数据位、奇偶校验、停止位和数据流控制，如图 5.13 所示。

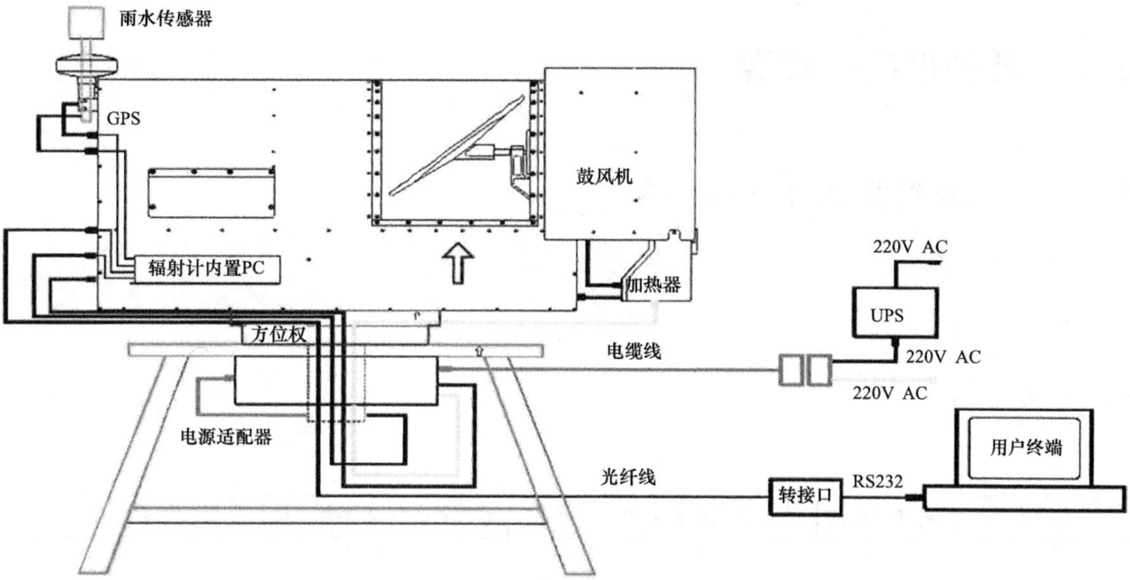

图 5.11　微波辐射计连接示意

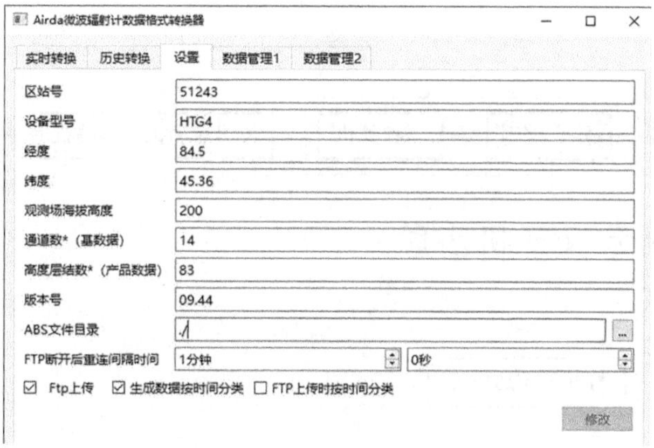

图 5.12　微波辐射计数据格式转换参数配置

图 5.13　水汽设备通信口设置

5.3 开关机操作步骤

5.3.1 风廓线雷达开关机步骤

（1）开机步骤。

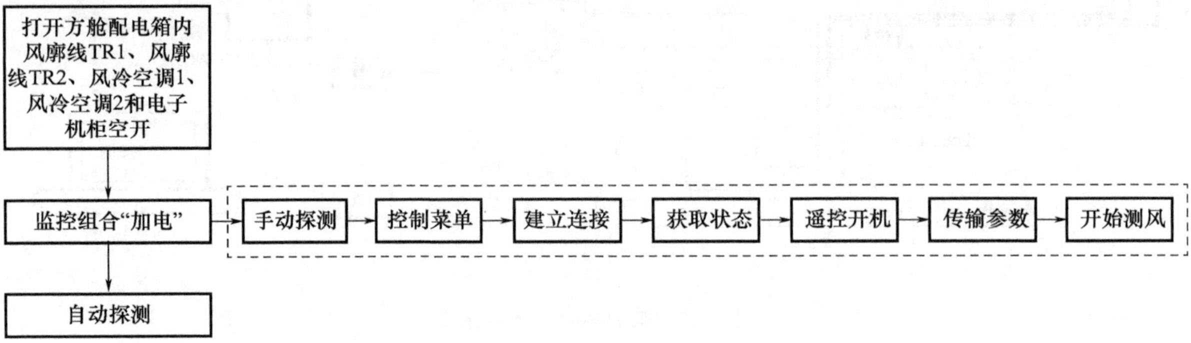

（2）关机步骤。

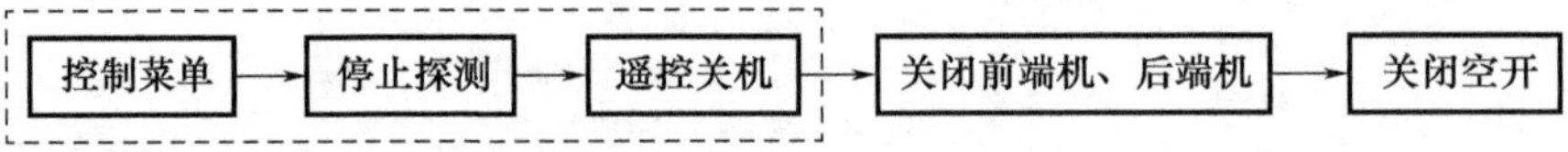

5.3.2 毫米波测云仪开机步骤

（1）开机步骤。

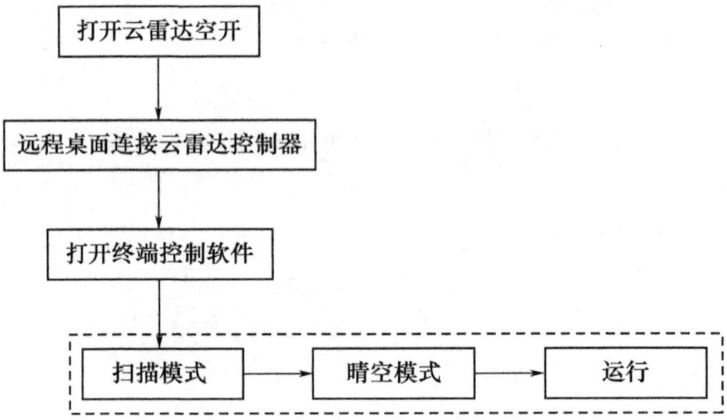

（2）关机步骤。

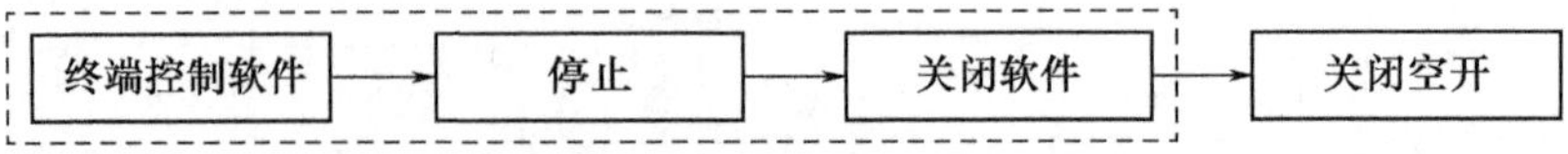

5.3.3 气溶胶激光观测仪开关机步骤

（1）开机步骤。

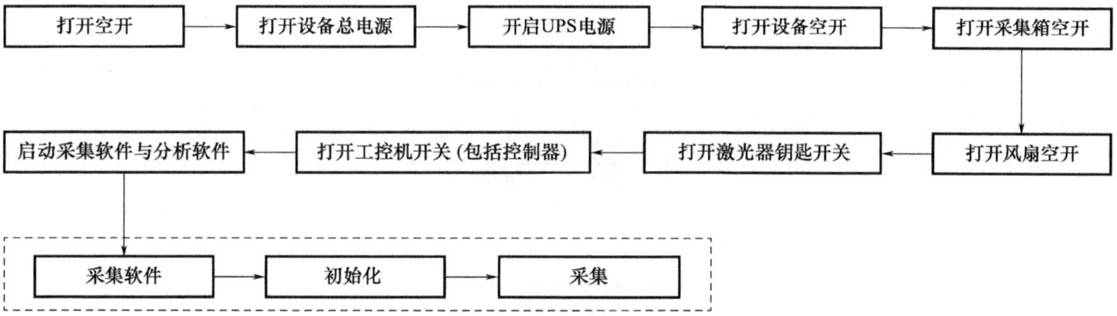

（2）关机步骤。

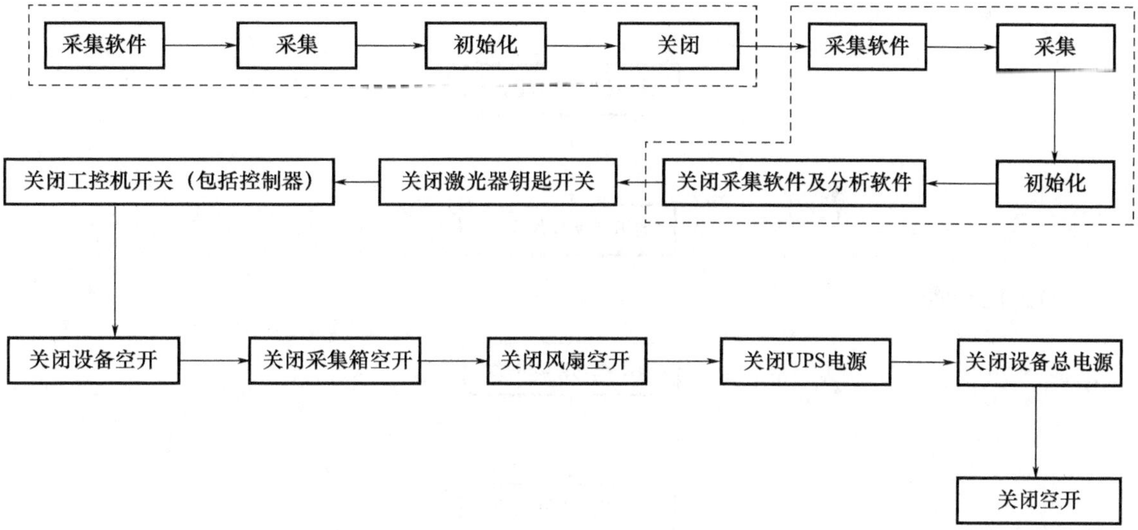

5.3.4 微波辐射计开关机步骤

（1）开机步骤。

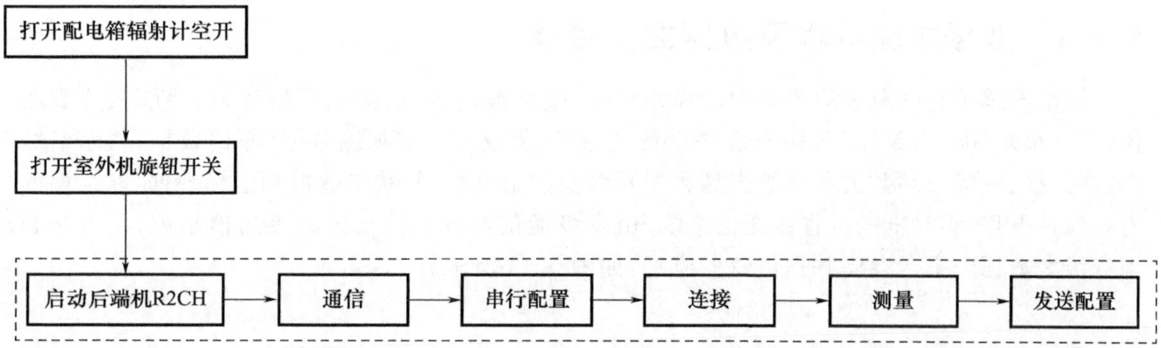

(2)关机步骤。

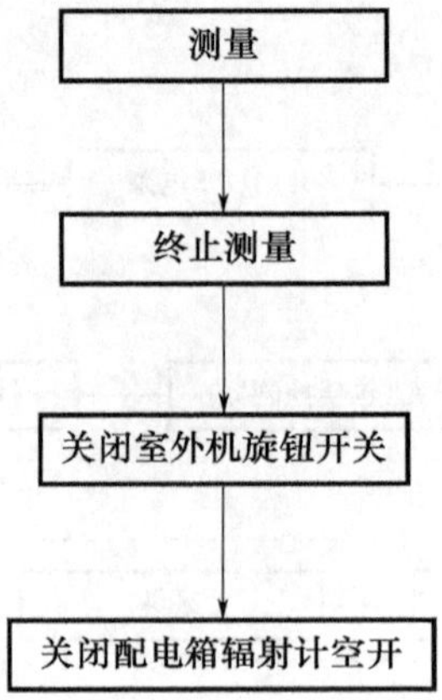

5.3.5 GNSS/MET 开关机步骤

(1)开机步骤。

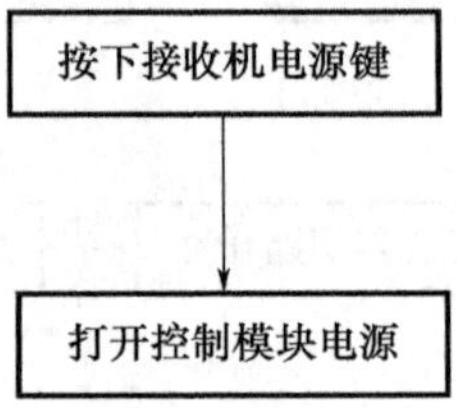

(2)关机步骤。

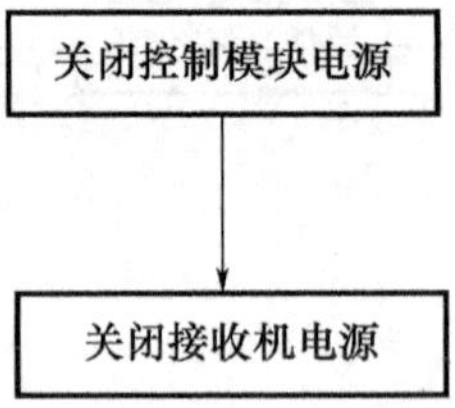

5.4 数据传输流程

5.4.1 数据传输流程及数据文件目录

地基遥感垂直气象观测系统中的风廓线仪、毫米波测云仪、微波辐射计、气溶胶激光观测仪(三波长)、GNSS/MET 等垂直观测设备,经系统集成后生成观测数据(原始数据、功率谱数据、基数据、一级产品数据和二级产品数据)、多要素融合数据、状态数据和定标数据,以文件的方式通过 FTP 实时推送至省级通信系统,由省级通信系统上传至国家级通信系统,在省级和国家级大数据云平台存储并提供业务应用,如图 5.14 所示。

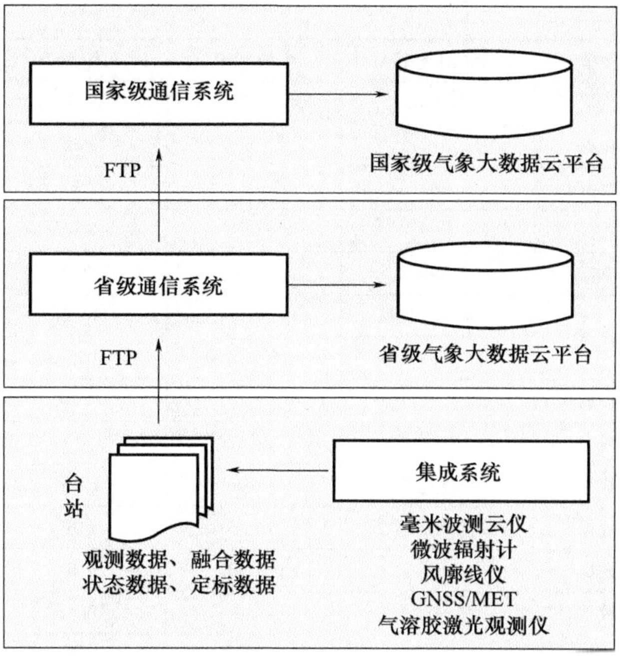

图 5.14　地基遥感垂直气象观测系统信息传输流程

为保障数据安全，地基遥感垂直气象观测数据存储分台站级、省级、国家级三级存储。台站级部署风廓线仪、毫米波测云仪、微波辐射计、激光观测仪与 GNSS/MET 组成垂直廓线观测系统，主要业务包括数据采集、处理、上传、存储、元数据填报、设备日常维护、探测环境保护等。

为实现各组成设备原始数据的统一同步保存，生成多要素融合数据。最终存储的数据包括观测数据、产品数据、多要素融合数据、状态数据和定标数据。在台站经地基遥感廓线集成系统生成的数据存储目录、文件及数据文件大小见表 5.1。

表 5.1　数据存储目录、文件及数据文件大小

设备类型	数据类型	详细类型	生成频率	文件大小	默认存储路径
风廓线仪	观测数据	功率谱数据文件	6 min	901 K	\WIND_FFT
		径向数据		13 K	\WIND_RAD
	产品数据	实时产品数据		3 K	\WIND_ROBS
		0.5 h 平均产品数据	30 min	3 K	\WIND_HOBS
		1 h 平均产品数据	60 min	3 K	\WIND_OOBS
	状态数据	—	6 min	10 K	\WIND_STA
	定标数据	—	24 h	10 K	\WIND_CAL
毫米波测云仪	观测数据	谱数据	1 min	1.5 M	\CLOUD_FFT_M
		基数据		20 K	\CLOUD_RAW_M
	产品数据	—		2 K	—
	状态数据	—		10 K	\CLOUD_STA_M
	定标数据	—	24 h	10 K	\CLOUD_CAL_M

续表

设备类型	数据类型	详细类型	生成频率	文件大小	默认存储路径
微波辐射计	观测数据	基数据	2 min	2 K	\MRSOC_RAW_M
	产品数据	—		4 K	\MRSOC_CP_M
	状态数据	—		2 K	\MRSOC_STA_M
	定标数据	—	24 h	2 K	\MRSOC_CAL_M
气溶胶激光观测仪(三波长)	观测数据	—	1 min	200 K	\LIDAR_RAW
	产品数据	1 级产品数据	5 min	300 K	\LIDAR_PRODUCT_L1
		2 级产品数据		200 K	\LIDAR_PRODUCT_L2
	状态数据	—		20 K	\LIDAR_STA
	定标数据	—	24 h	900 K	\LIDAR_CAL
GNSS/MET	观测数据	原始数据压缩文件	1 min	10 K	\GNSSMET_CP
	产品数据	台站级产品数据	5 min	1 K	—
	状态数据	—	60 min	6 K	\GNSSMET_STA
融合系统	产品数据	—	1min	100 K	\FUSE_TP_M\BIN
	状态数据	—		1 K	\FUSE_TP_STA

5.4.2 数据文件格式要求及数据传输规范

垂直观测系统上传的数据包括观测数据(原始数据、功率谱数据、基数据、一级产品数据和二级产品数据、BUFR 数据)、多要素融合数据、状态数据和定标数据。通过气象业务内网传输,台站将观测数据以文件的方式通过 FTP 实时推送至省级通信系统,再由省级通信系统上传至国家级通信系统。各观测数据文件传输目录见表 5.2。

表 5.2 观测数据文件传输目录

设备类型	省级目录	国家级目录
风廓线仪	/rada	/rada
毫米波测云仪	/rada_yccr	/rada_yccr
微波辐射计	/upar_ymwr	/upar_ymwr
气溶胶激光观测仪(三波长)	/cawn_lidar	/cawn_lidar
GNSS/MET	/gps	/gps
融合系统	/upar_tp	/upar_tp

垂直观测系统传输频次包括实时传输和定时传输两类,其中每组观测结束后生成的原始数据、产品数据和状态数据传输频次为实时传输;0.5 h、1 h 平均数据和定标数据为定时传输。根据传输内容,各设备观测数据、多要素融合数据、状态数据和定标数据的传输频次见表 5.3。

表 5.3 观测数据、多要素融合数据、状态数据和定标数据的传输频次

设备类型	数据类型	传输频次
风廓线仪	原始数据	6 min

续表

设备类型	数据类型	传输频次
风廓线仪	产品数据	6 min 30 min 1 h
	状态数据	6 min
	定标数据	24 h
毫米波测云仪	谱数据	1 min
	基数据	
	产品数据	
	状态数据	
	定标数据	24 h
微波辐射计	基数据	2 min
	产品数据	2 min
	状态数据	2 min
	定标数据	24 h
气溶胶激光观测仪(三波长)	原始数据	1 min
	1 级产品数据	5 min
	2 级产品数据	5 min
	状态数据	5 min
	定标数据	24 h
GNSS/MET	原始数据	1 min
	状态数据	1 h
	台站级产品数据	5 min
融合系统	产品数据	1 min
	状态数据	1 min

实时的原始数据、产品数据和状态数据应当在每组观测结束后实时传输。0.5 h、1 h 平均数据应当在相应的半点或整点后 15 min 内传输；定标数据应当在每正点后 15 min 完成前一天定标文件传输。如因通信问题或仪器故障造成数据不能正常传输，且在故障期内仍生成观测数据，应在故障解决后 24 h 内完成历史补传。设备的数据传输流程及业务值班相关规定详见《地基遥感垂直气象观测业务管理规定》。

5.5 业务值班任务及日常维护工作

5.5.1 业务值班任务

5.5.1.1 观测任务

(1)实时获取地基遥感垂直气象观测数据和设备工作状态，做好数据质量控制及异常记录处理，并存入业务终端。

(2)通过业务终端软件完成实时观测数据质控、存储及上传。

(3)做好各类业务系统的运行监控、维护保障和计量检定，确保观测业务正常运行。

(4)做好历史资料备份、存储、归档、上传和上报等工作，做好观测产品的加工处理及应用工作。

(5)做好元数据上报工作。

5.5.1.2　观测项目

利用垂直观测设备开展温度、湿度、风、气溶胶、水凝物和大气可降水量等大气热力学、动力学基本变量的垂直结构观测；包含但不限于水平风速、水平风向、垂直风速、云反射率因子、云垂直速度、云速度谱宽、云高、云厚、云水相态、大气温度廓线、大气相对湿度廓线、大气水汽密度廓线、大气液态水含量廓线、气溶胶消光系数、气溶胶后向散射系数、气溶胶光学厚度、污染物混合层高度、颗粒物浓度、对流层天顶总延迟、大气可降水量等20项观测项目。

5.5.2　日常维护要求

日常维护要求见表5.4。

表5.4　日常维护要求

日巡查	
设备名称	内容
风廓线仪	(1)检查机房和天线阵地状况 (2)检查机房电源、UPS电源输出 (3)检查空调，以及温湿度 (4)检查终端计算机与软件运行 (5)检查资料生成与上传 (6)查看监控和报警信息
毫米波测云仪	(1)检查标准输出控制器软件运行是否正常 (2)查看设备监控和报警信息与产品显示是否正常 (3)检查文件生成与上传是否正常 (4)检查文件存储与控制器磁盘空间是否正常，当硬盘可用容量较低时，需对硬盘数据进行必要的转存
微波辐射计	(1)检查设备外观是否完好 (2)检查设备软硬件运行是否正常 (3)检查资料生成与上传是否正常 (4)检查计算机时间是否准确 (5)查看监控和报警信息 (6)检查各系统有无故障 (7)查看故障报警时间和信息

续表

设备名称	内容
气溶胶激光观测仪	(1)检查系统软硬件是否正常运行 (2)检查资料生成与上传是否正常 (3)检查天窗加热除湿装置运行情况 (4)检查激光器电源水位(仅针对水冷激光器) (5)检查确保激光出光口无异物遮挡 (6)查看监控和报警信息 (7)检查站房电源、UPS 电源输出是否正常 (8)检查站房密封性 (9)检查机房工作环境是否漏水、清洁、干燥
GNSS/MET	检查 GNSS 接收机和标准输出控制单元软硬件是否正常运行
月维护	
风廓线仪	(1)标定内容包括系统灵敏度和动态范围标定、速度标定、强度标定和系统相干性标定等 (2)检查数据存储与计算机磁盘空间是否正常 (3)对计算机硬盘进行碎片整理,对冗余的垃圾文件进行处理 (4)检查计算机时间是否准确 (5)对各机柜内进行清洁 (6)清洁风扇、排气扇,拆洗空调滤尘网 (7)测试仪表通电检查 (8)对发电机进行维护并记录 (9)对 UPS 进行充放电维护(三个月做一次)并记录 (10)检查通信系统工作情况 (11)检查避雷器工作情况 (12)检查消防设施工作情况 (13)检查视频监控系统工作情况
毫米波测云仪	(1)完成当天日维护工作内容 (2)检查机柜表面污染情况,必要时用干布擦拭设备机柜表面 (3)检查天线罩污染情况,必要时用吸尘器、扫把清理天线罩,清理时尽量避免触碰天线罩表面 (4)检查机柜内滤网堵塞情况,定期进行清理,必要时更换滤网 (5)检查机房电源、UPS 电源输出是否正常 (6)检查电缆是否有损坏、腐蚀情况,必要时及时更换在有重大气象服务保障,或强天气过程发生前和发生后,在上述维护基础上增加设备安全性检查,具体如下 ·检查机柜内设备紧固螺钉是否松动,机柜柜门是否锁紧 ·检查机柜基准面的水平度,并进行必要的调平 ·检查天线紧固螺栓和钎绳是否松动,并进行必要的紧固

续表

设备名称	内容
微波辐射计	(1)设备天线罩清洁 (2)红外辐射仪组件清洁 (3)温度、湿度、气压传感器组件清洁 (4)雨雪感应器清洁 (5)防雨雾干燥组件清洁 (6)天线罩使用情况检查,根据需要进行维护或更换,一般每半年更换一次 (7)季度数据备份
气溶胶激光观测仪	(1)完成当天日维护工作内容(即日巡查) (2)检查并清洁天窗(每周一次) (3)检查并清洁外部光学镜片(即望远镜上的光学窗口,用擦镜纸蘸无水乙醇轻轻擦拭,以免刮花镜片,若未见明显浮尘或脏污,可不用清洁) (4)对站房内环境进行清洁,清洁排气扇、空调滤尘网 (5)检查激光能量是否正常(针对有能量计台站) (6)检查激光器滤芯是否正常(仅针对水冷激光器) (7)激光器冷凝水更换(仅针对水冷激光器) (8)对 UPS 充放电维护并记录(3 个月做一次) (9)数据备份(6 个月做一次) (10)检查工控机磁盘空间是否满足存储要求 (11)检查电缆是否有损坏、腐蚀情况,必要时及时更换 (12)检查站房的消防、报警设施
GNSS/MET	(1)清洁 GNSS 接收机和标准输出控制单元表面灰尘,清洁标准输出控制单元风扇排气孔 (2)清除观测墩周围生长的灌木等较高植被,维持观测墩周边处于自然草坪状态 (3)检查 GNSS 天线四周 150°高度角以上是否出现明显遮挡物,例如树木等 (4)检查 GNSS 天线附近是否出现新的主动发射 L 波段信号设备 (5)检查 GNSS 天线、辅助气象测量单元是否完好无损 (6)检查电缆是否损坏 (7)建设防雷设施是否正常 (8)在观测墩建成的第一年内,基于水准点每月检查观测墩水平倾斜度,水平倾斜度超过 3°需上报并整改
年维护	
风廓线仪	每年一次现场巡检维护,主要进行机外定标、功能检查、电气及结构检测等
毫米波测云仪	(1)系统整机功能检查 (2)整机运行安全隐患排查 (3)全部分系统保养维护 (4)对关键部件、易老化和易故障的组件及时进行检查并更换、维修 (5)整机系统清洁 (6)按照毫米波测云仪定标技术规范进行机外定标

续表

设备名称	内容
微波辐射计	(1)天线罩更换 (2)防雨雾干燥组件过滤网清洁或更换 (3)检查天线定位校准系统 (4)检查整机功能是否正常 (5)检查电脑硬盘空间是否充足 (6)对关键部件、易老化和易故障的组件应及时进行检查并更换、维修
气溶胶激光观测仪	(1)系统整机功能检查 (2)整机运行安全隐患排查 (3)整机系统清洁 (4)检查激光能量是否正常(针对有能量计台站) (5)检查计算机系统时间 (6)检查运动部件处的电缆是否有磨损
GNSS/MET	(1)在沙尘天气等特殊天气期间清洁维护设备 (2)根据告警信息，做好观测业务软件维护 (3)按要求对观测业务软件进行升级

第 6 章　高空观测设备常见故障案例分析汇总

6.1　北斗设备常见故障分析

6.1.1　北斗探空观测时接收不到探空数据

处理方法：

(1)观察是否有扫频数据。

(2)是否有正常工作的探空仪。

(3)探空仪频点是否设置一致，不一致则重新设置频点。

(4)检查控制单元网络设置是否正常。

6.1.2　设置完设备 IP，设备还是无数据

处理方法：

(1)检查接收机 IP 地址是否可以使用外网，若不能使用则更换 IP 地址。若可以使用则用 M6 内六角工具打开机箱，观察设备是否上电，网络端口是否连接(灯闪)。

(2)观察接收模块指示灯闪烁状态，如图 6.1 所示。

(3)检查供电电源是否正常；工作灯不闪烁，要及时联系供货商咨询；数据灯不闪烁，要检查网络、软件配置及探空仪电源是否开启。

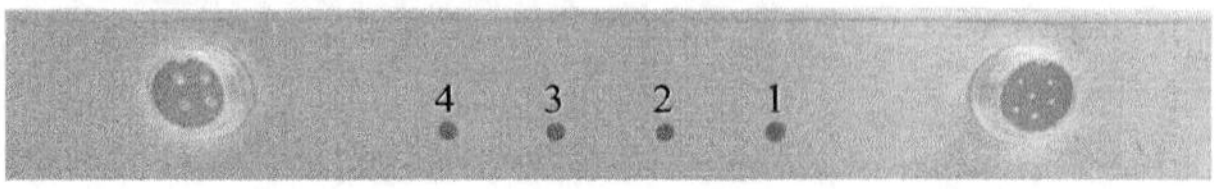

图 6.1　收模块指示灯闪烁状态

(1 为电源灯常亮；2 为工作灯闪烁；3 为数据灯闪烁；4 为预留)

6.1.3　保险丝损坏

处理方法：

(1)准备工具：M6 内六角扳手，小一字螺丝刀。

(2)关掉设备电源，三种方式：断开室内供电部分、拧下机箱外防水插头、断开机箱内空气开关。

(3)用 M6 内六角扳手拧开机箱四周内六角螺丝。拧开过程中需注意，每个螺丝依次拧

2～3圈，不要把一个螺丝直接拧开，安装也是如此。

(4)打开机箱会看到如图 6.2 所示部分，其中方框部分为保险座，从下往上直接打开即可。

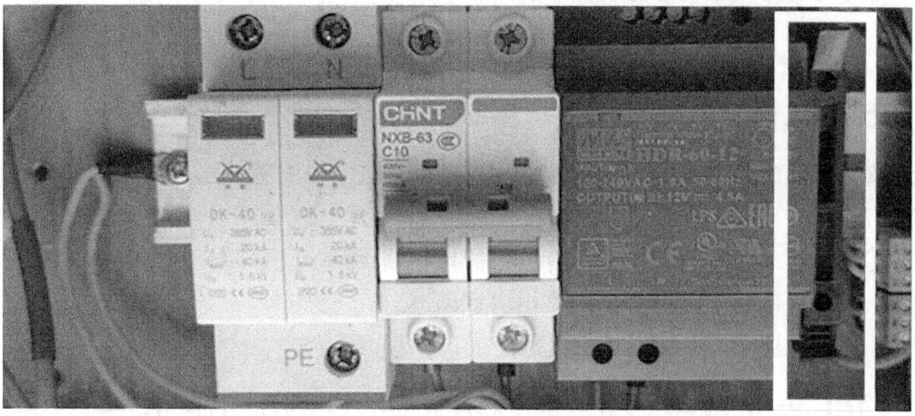

图 6.2 保险座

(5)保险座中有两个保险，其中一个为备用保险(左下边)，一同安装于保险座里面，若保险损坏则取出损坏保险，用备用保险代替。

6.1.4 集成处理器故障

处理方法：首先检查复位集成处理器是否死位，按复位键可恢复网络始初配置和正常关机。如图 6.3 所示。

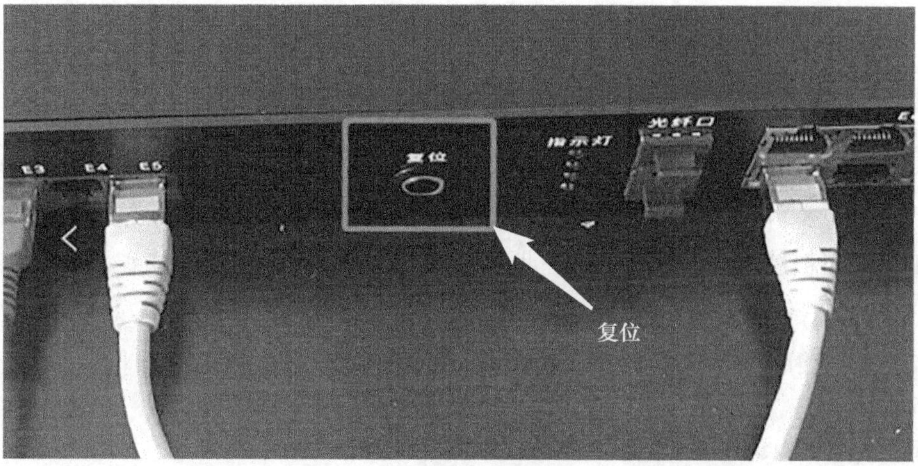

图 6.3 集成处理器

(1)正常复位：长按“复位”键 10～15 s 后松开，系统自动完成。本地 IP 网关地址恢复默认设置，即本机 IP 为 192.168.2.1，网关地址为 192.168.2.254。

(2)正常关机：长按“复位”键 3～5 s 后松开，再等待 5 s，待系统软件完全关闭后，按下“开关机电源键”，完成关机。

6.2 L波段雷达常见故障分析

6.2.1 电源故障

故障现象：开机后各直流电压+5 V、+15 V、+24 V没有输出或输出值不对。

处理方法：

(1)负载有短路现象，故无电压值输出。排除故障后重开机即可。

(2)开关电源内部保险丝熔断，更换相应保险丝。

(3)开关电源损坏，更换相应开关电源。

6.2.2 CRT上无数字显示、时钟不计时、点图标不起作用

故障现象：CRT上无数字显示、时钟不计时、点图标不起作用。

处理方法：

(1)软件程序运行进入死区，计算机重新启动即可。

(2)内控盒电缆接触不好或断线，重接电缆或检修电缆。

(3)11—4插板松动，接触不好，将11—4插板重新插紧。

(4)11—4插板有故障，更换11—4插板。

6.2.3 发射机故障

6.2.3.1 打开高压，发射机电流不显示

故障现象：按下"高压"按钮后，发射机电流表无指示。

处理方法：

(1)没有发射触发脉冲。用示波器检查11—3插板上的"发射触发"波形，应有大于3 V的脉冲；若无，则更换11—3插板。

(2)11—4插板没有送出加发射高压指令，验证属实后，更换11—4插板。

6.2.3.2 发射机出现"过荷"保护

故障现象：发射机高压后自检提示"过荷"，发射分系统无法工作。

处理方法：

(1)调制器内仿真线上高压电容被击穿，更换高压电容。

(2)脉冲变压器被击穿，更换脉冲变压器。

(3)发射腔体输出合头松动，造成短路，调整并紧固发射腔体输出耦合头。

6.2.4 发射机接收信号被"压死"或变得很弱

故障现象：发射机不工作时接收信号正常，打开发射机接收信号就被"压死"或变得很弱。

处理方法：

(1)11—3插板主抑触发脉冲没有送出，用示波器检查"主抑触发"的波形，应有大于3 V

的脉冲波形，否则，更换 11—3 插板。

(2)中频通道盒上主抑脉冲宽度不合适，重新调整电位器，使主抑脉冲宽度为 50 μs 左右。

(3)限幅器工作不正常，用备用限幅器更换。

6.2.5 示波器故障

6.2.5.1 示波器无 4 个亮点显示

故障现象：开机后，示波器在规定位置上无 4 个亮点显示。

处理方法：

(1)11—6 插板无程序方波输出，用示波器检查 11—6 插板“上、下、左、右”的波形，应为相同的方波，查实后更换 11—6 插板。

(2)11—2 插板无阶梯波输出，用示波器查“阶梯波”的波形，查实后更换 11—2 插板。

(3)机箱内连接电缆不通，用万用表逐段检查，查实后维修或更换连接电缆。

6.2.5.2 当探空仪工作时，示波器上无信号也无杂波

故障现象：当探空仪工作时，示波器上无信号也无杂波。

处理方法：

(1)中放通道输入电缆松动，接触不好，重接电缆线。

(2)中频电缆被压坏或损坏，信号不通，用万用表检查电缆的好坏，若坏，更换中频电缆。

(3)增益电压设置太小，重新设置增益电压。

(4)高放盒没有电源电压，用万用表按图检查输入插头各点电压是否正常，查实后排除。

(5)高放盒不正常，用备用高放盒替换。

6.2.5.3 示波器上 4 条亮线很短

故障现象：探空仪工作时，示波器上幅度很小(小于 1 V)，4 条亮线很短。

处理方法：

(1)本振频率不对，对探空仪信号进行重新调整。

(2)频控电路工作不正常，检查 11—1 插板和中频通道盒，核实有故障后更换。

(3)限幅器工作不正常，更换限幅器。

(4)天线、馈线系统中电缆不通或接触不好，更换电缆。

6.2.5.4 示波器上亮线始终一样高

故障现象：示波器上 4 条亮线始终一样高，不随天线方位角或仰角指向的变化而变化。

处理方法：

(1)11—6 插板没有序方波输出。用示波器查“上、下、左、右”4 个信号，应为相同的方波，其幅度为高电平＞5 V，低电平＜1 V，否则，用备份 11—6 插板更换。

(2)和差箱内开关管套短路或开路，用万用表分别检查和差箱内 4 个开关管对地电阻(将开关管套电缆插头取下，万用表负端接地)，在正端接地时应有数百欧姆的阻值，查实后排除。

6.2.6 增益电压或频调电压故障

故障现象：增益电压或频调电压不受控制。

处理方法：

(1)11—1 插板增益电压或频调电压没送出，用万用表检查 11—1 插板和 11—4 插板，如两电压未能随按键变化而改变，更换 11—1 插板或 11—4 插板。

(2)中频通道盒工作不正常，更换中频通道盒。

(3)频控电路工作不正常，检查 11—1 插板，核实有故障后更换。

(4)连接线或电缆芯线不通，用万用表按图检查，查实后更换相应连接线。

6.2.7 转动雷达天线时，4 条亮线高矮不变化

故障现象：转动雷达天线的方位角或仰角指向，示波器上的 4 条亮线高矮不变化，亮线顶部有淡而高的细线条。

处理方法：接收机增益太高并且频率不对，将接收到的探空仪信号在示波器上展宽后，一面降低接收机增益，一面调整其频率，直至接收到探空仪信号幅度最大时为止。

6.2.8 接收机故障

故障现象：在接收机增益设置为“自动”时，接收信号幅度不为 3 V 左右，并且不能保持为恒定值。

处理方法：

(1)11—4 插板自动增益指令没有送出，更换 11—4 插板。

(2)11—1 插板 AGC 电路工作不正常，更换 11—1 插板。

6.2.9 摇动雷达天线时，4 条亮线无变化

故障现象：当天线仰角增加时，4 条亮线不为上高下矮，左右基本不变；当天线方位角增加时，四条亮线不为右高左矮，上下基本不变。

处理方法：

(1)某一程序方波不正常，用示波器仔细检查每一路程序方波的波形和幅度，若有故障，更换 11—6 插板。

(2)某一路开关管套接触不好或不通，用万用表仔细对比每一路开关套的正反向电阻值，若有故障，则予以排除。

(3)某一程序方波传输电缆接触不好或不通，拔掉 11—6 插板，用万用表测量“上、下、左、右”检查点的正反向电阻，各路应完全一样。若有故障，应更换相应连接电缆。

6.2.10 摇动雷达天线时，信号不正常

故障现象：天线不动时信号正常，但天线一转动时，信号就起伏不停。

处理方法：

(1)低频旋转关节中滑环刷与滑环接触不良，将滑环刷取下，用绸布沾酒精清洗滑环及滑环刷表面。

(2)高频旋转关节接触不良，取下高频旋转关节进行清洗。

(3)高放盒没固定紧或内部有松动现象，导致天线转动时的轻微振动令其状态改变造成不稳定现象，检查减震器的好坏、高放盒插头是否旋紧、螺钉是否上紧。若无效时，更换高放盒。

6.2.11 雷达天线"死位"

故障现象：雷达天线"死位"。

处理方法：

(1)雷达天线仰角、方位角"锁死"不动，电机驱动箱一E灯(仰角)或一A灯(方位角)亮红灯，应及时关闭雷达驱动箱开关，并迅速重启。

(2)"放球软件"界面的仰角或方位角显示数字不动，而雷达天线还在转动，应先将"放球软件"控制区上的"发射机"开关关闭；天控开关置为手动(其他界面开关保持原位)。再按关机步骤，关闭雷达主控箱、驱动箱、总开关，并迅速按与关闭相反顺序再开启各开关，以激活雷达与终端间的通信传递。天控开关置于自动，打开控制区上的"发射机"开关。

6.3 基测箱常见故障分析

6.3.1 基测箱不通电

处理方法：首先检查交流电源供电，其次检查基测箱的保险丝是否烧断。

6.3.2 基测时出现信号时有时无或无信号

处理方法：检查四芯插头输出电压是否正常。方法是将四芯插头插入电压测量四芯插座，观察显示屏"输出电压""电池电压"，如输出电压正常，而电池电压为0或时有时无，说明电源供电正常，主要问题是四芯插头簧片氧化接触不良造成的，需更换插头簧片或更换备用输出电源线。

6.3.3 基测时出现湿度值异常(通常是湿度值偏高)

处理方法：

(1)湿球纱布缺水，可检查干湿表储水槽是否缺水。

(2)比对室轴流风扇停转，可打开比对室门，伸进手感觉室内是否有风。

(3)低湿状态时恒湿盐盘中水分过多。

6.4 自动放球系统常见故障分析

6.4.1 电源系统故障

处理方法：

(1)如为外接输入电源故障，对线路进行检查维修。

(2)如为电源配电分机故障，更换电源控制板。

(3)如为UPS电源故障，对UPS进行维修。

6.4.2 充气装置不动作

处理方法：
(1)如为自动控制分机故障，更换对应控制模块。
(2)如为充气电磁离合器故障，更换防爆电磁阀。

6.4.3 施放机构不动作

处理方法：
(1)如为自动控制分机故障，更换对应控制模块。
(2)如为施放电磁离合器故障，更换电磁离合器。

6.4.4 顶盖故障

6.4.4.1 顶盖不能打开

处理方法：
(1)液压泵故障，更换液压泵。
(2)液压油缸故障，更换液压油缸。
(3)油路管道漏油，进行维修或更换密封圈。

6.4.4.2 顶盖不能旋转

处理方法：
(1)自动控制分机故障，更换对应控制模块。
(2)伺服电机或驱动器故障，更换电机。
(3)绕线机构故障，进行维修。
(4)伺服控制板故障，更换伺服控制板。

6.4.5 系统停止工作

处理方法：
(1)氢气泄漏浓度超标，检修氢气输送管路。
(2)风速超过 20 m/s，待风速减小。
(3)氢气气源压力不足，检查气源。

6.4.6 图像监控无图像显示

处理方法：
(1)网络故障，检修网线、调整。
(2)摄像机故障，检修、调整或更换。

6.5 水电解制氢设备常见故障分析

6.5.1 制氢机的额定电压无法达到正常值

故障现象:开机后额定电压调不上去,无法达到正常额定电压,无法开机制氢。

处理方法:首先检查三相电是否正常,再检查3个60 mA的保险丝是否被烧,随后检查电位器与其他相关的元器件有无老化现象。如不存在元器件接触不良现象,发现整流控制器面板上的电位器烧坏,更换新的电位器后制氢机即可正常工作。

6.5.2 氢氧液位故障

故障现象:制氢机开机后氧液面急剧上升,氢液面是空的,制氢机报警停机,无法再次开机。

处理方法:氢氧液面不平衡。首先检查增压阀是否漏气,如漏气,则更换增压阀;再检查增压阀到平衡阀处的管道是否漏气,若漏气拧紧;再检查并排除氢氧液面两个压力平衡阀是否出现故障,而导致平衡失灵导致氧气排不出去,检查、更换阀膜片,清洗平衡阀,若还是不能正常开机后拆除平衡阀检查,发现阀芯和阀针损坏,更换阀芯和阀针并调整好膜片的纹路方向,要安装正确,检查顶针是否有磨损,如有磨损更换顶针。还要检查阀针调整的间隙是否适中,一般为2 mm。装上上阀盖拧紧螺丝,后制氢机正常工作。

6.5.3 电解槽小室电压偏低

故障现象:开机后测量电解槽小室电压,发现额定条件下电解槽小室电压普遍偏低,且产氢量低。

处理方法:检查电解槽是否有堵塞,碱液浓度测试等发现电解液浓度偏低,导致产氢量慢;增加氢氧化钠剂量,提高电解液浓度后,产氢量正常。电解槽小室电压普遍偏低,与前几个制氢班的小室电压所测数据对比,判断万用表电池电压偏低,更换新的电池后恢复正常。

6.5.4 控制整流面板故障指示灯亮

故障现象:开机后控制整流面板故障指示灯亮,制氢机报警停机。

处理方法:逐一检查整流控器面制板上的启动、停止、复位、泵启动等是否有短路;再检查整流控制器内保险丝有无短路;检查整流控器面制板本身的元器件;检查出稳压/稳流元器件损坏,更换新的稳压/稳流元器件后,制氢机正常工作。

6.5.5 制氢机水泵无法泵水

故障现象:制氢机水泵声音与平时不同,水泵机电部分有损坏。

处理方法:拆除机电部分检查,一般是水泵管道部分和两个阀芯(钢球)因蒸馏水杂质较多出现堵塞现象。清洗管道和阀芯(钢球),更换柱塞密封圈,水泵正常泵水,制氢机正常工作。

6.5.6 制氢机升压慢

故障现象：制氢机升压慢。氧气阀门至平衡阀管道接口处有轻微的氧泄露现象，而导致制氢升压慢。

处理方法：关闭制氢机，排查氢、氧液面两个平衡阀，用肥皂水检查氧气阀门至平衡阀管道，重新用防静电扳手缓慢紧固接口处螺丝后，制氢机正常工作。

6.5.7 制氢机单向阀故障

故障现象：制氢机单向阀（又称止回阀）故障，氢气送不到储氢罐导致压力报警。

处理方法：考虑单向阀内弹簧使用时间长，弹性失效，且内有杂质。检修时检查止回阀的方向，拆除单向阀更换弹簧，清洗清除杂质，制氢机正常工作。

6.6 化学制氢常见故障分析

6.6.1 止回阀跳动的“嗒嗒”声

故障现象：压下启动按钮后压力表升压极快且指针跳动，能听到止回阀跳动的“嗒嗒”声。

处理方法：制氢剂反应过快，超过了正常制氢速度。迅速打开排水阀将水排出，停止反应。

6.6.2 压力表升压较快，超过储氢罐压力 0.15 MPa 后还在快速上升

故障现象：开启启动按钮后压力表升压较快，超过储氢罐压力 0.15 MPa 后还在快速上升，但压力表指针没有跳动现象。

处理方法：通向储氢罐的阀门没有打开。打开通向储氢罐的阀门。

6.6.3 开启启动按钮后压力表没有升压

故障现象：开启启动按钮后，超过 2 min 压力表没有升压，反应器壁不升温。

处理方法：

（1）料篮没有落入水中，再次下压启动按钮。

（2）制氢剂药品失效，更换制氢剂。

6.6.4 排水阀打开后有水汽排出

故障现象：排水阀打开后有水汽排出，压力表指示压力不下降。

处理方法：反应器内温度过高，超过了水的沸点。给反应器强制冷却或自然降低温度后再排水降压。

6.6.5 打开排污阀没有污水排出或水流很小

故障现象：打开排污阀没有污水排出或水流很小。

处理方法：排污管路被堵。打开排污阀门附近接头，疏通管路。

6.7 软件常见故障分析

6.7.1 天气现象不显示

故障现象：L 波段软件升级后天气现象不显示。

处理方法：如果系统不显示天气现象字库，可以重新运行字库安装程序，再启动 L 波段软件即可。

6.7.2 球软件和处理软件中的“探空高度代替斜距”功能

故障现象：球软件和处理软件中的“探空高度代替斜距”功能一样，它们所用的高度是否一样？有时在放球软件不能使用该功能，在数据处理软件却可以。

处理方法：不一样。因为放球软件的探空高度是通过实时计算每个气压点值之间的厚度叠加而成，数据处理软件中的高度是规定等压面之间的厚度叠加。放球软件在工作中，如信号遇干扰、信号弱等原因造成数据误差，使得探空高度换算成斜距出现不合理的情况时，软件会停止换算。

6.7.3 过南过北判断

故障现象：量得风层的风向依次为 312°、228°、237°、58°、45°、63°、72°，风向 237°～58°是否过北，量得风层出现缺测。

处理方法：若上下两个量得风层的风向变化不一致，无规律可循，则被认为不能判断风向变化方向，规定层风则用最接近的量得风层风向、风速代替（在距地＜900 m 范围内不适用，按失测处理）。

6.7.4 探空终止后数据处理

故障现象：探空因故终止，其后测风用单独测风的方法计算，在结合部位数据方法。

处理方法：由于 L 波段雷达探测精度提高，在转变测风计算方式的结合部位气压高度和雷达高度差异变小，因此可在结合部位内插计算规定等压面和规定高度上的风。

6.8 垂直观测系统常见故障分析

6.8.1 融合设备系统启动显示屏不亮

故障现象：地基遥感垂直观测系统融合设备系统启动显示屏不亮。

处理方法：

（1）观察电源按键灯是否点亮，如果常亮则打开机柜后面的盖子，检查融合处理主机上的 HDMI 接线是否松动，确保信号输出正常。

(2)如果电源按键灯不亮,确保外部供电正常,打开机柜后面的盖子,检查电源内部连线是否松动,插紧后,再重新上电。

(3)系统程序崩溃,联系相关负责人员进行软件系统重装。

6.8.2 设备光网口通信不稳定

故障现象:地基遥感垂直观测系统融合设备光网口通信不稳定。

处理方法:

(1)检测光路由器的供电电压为正常的工作电压,确保供电电压正常。

(2)检测光纤路径,确保光纤不要走电磁干扰很强的地方。

(3)确保光纤接口拧紧,无松动。

6.8.3 设备短信报警模块通信不通或通信不稳定

故障现象:地基遥感垂直观测系统融合设备短信报警模块通信不通或通信不稳定。

处理方法:

(1)检查短信报警模块电源输入插头和串口插头是否松动,确保短信报警模块运行正常。

(2)检查 SIM 卡是否插入到位,同时确认 SIM 卡是不是欠费导致停机或者没有流量。

(3)查看远端 IP 配置,确保与 4 G 模块处于同一网段。

(4)远端读取地基遥感垂直观测系统融合设备的 ID 号,确保 ID 与发送命令中的 ID 号是一样的。

6.8.4 文件传输异常

故障现象:文件传输异常。

处理方法:

(1)查看设备是否正常运行。

(2)查看设备到融合机柜的网络是否正常以及融合机柜到信息中心网络是否正常。

6.8.5 网络不通

故障现象:网络不通。

处理方法:

(1)请检查网络设置是否正确。

(2)关闭防火墙或打开网络端口。

6.8.6 程序异常退出

故障现象:程序异常退出。

处理方法:重启程序。

6.8.7 附属设备异常

故障现象:附属设备异常。

处理方法:重启附属设备,若重新启动设备依旧异常则查看设备/传感器运行状态是否异常。

6.8.8 系统配置信息不能修改

故障现象:系统配置信息不能修改。

处理方法:关闭系统重新登录系统进行修改。

6.8.9 不能远程控制

故障现象:不能远程控制。

处理方法:检查控制器是否处于开机和正常运行状态。

6.8.10 硬盘空间不足

故障现象:硬盘空间不足。

处理方法:打开浏览器对硬盘空间进行备份后清理磁盘空间。

参考文献

中国气象局,2010. 常规高空气象观测业务规范[M]. 北京:气象出版社.

中国气象局,2024. 地基遥感垂直气象观测业务管理规定[M]. 北京:气象出版社.

中国气象局气象探测中心,2016. 自动放球系统业务操作手册[M]. 北京:气象出版社.

中国气象局综合观测司,2005. L 波段(1 型)高空气象探测系统业务操作手册[M]. 北京:气象出版社.